基礎物理学
電磁気学

秋光　純
村上修一
前田はるか
伏屋雄紀　共著

培風館

本書の無断複写は，著作権法上での例外を除き，禁じられています。
本書を複写される場合は，その都度当社の許諾を得てください。

はじめに

　我々は，ここに『基礎物理学　力学』に続いて『基礎物理学　電磁気学』をお送りする．力学と電磁気学は物理学の基礎として，また理系の基礎教養科目として，必ず履修する科目である．我々のまわりを見まわしても，電気や磁気を使っていない物はほとんどないといっても過言ではないであろう．実際，今これを書いている部屋のまわりを見まわしても電燈が輝いており，また多くの人が手離すことができなくなっている携帯電話があり，部屋のなかには，エアコン，冷蔵庫，パソコンがあるという具合である．

　このように，電気と磁気は我々の身のまわりのほとんどすべてに使われており，なくてはならないエネルギー源である．と同時になくてはならない通信手段となっている．

　このような多岐にわたる応用が，マクスウェルの方程式というたった4つの方程式で書き表されるということは，驚きを禁じ得ない．

　この本は，初めて電磁気学を学ぶ学生諸君に，初歩から一歩一歩途中の計算もあまり省略せずに書きおろした教科書である．

　本書の編集にあたっては，次のような点に留意した．

1) 電磁気学で使われる数学については基礎から説明したつもりであるが，力学で使われた数学についてはくり返しを避けた点もあるので，わかりにくいと感じた諸君は『基礎物理学　力学』を参照していただきたい．
2) 力学と比べて電磁気学は直観的にわかりにくいと言われる諸君も多いので『基礎物理学　力学』以上に例題と練習問題を多くし，イメージを描きやすくしたこと．
3) 電磁気学は単位系が複雑であり，単位系どうしの関係がわかりにくいので理解を助けるために次元解析をそのつど行い，単位系間の関係を明らかにしたこと．
4) 1年生には少し難しいと思われる内容については【発展】としたり，左側に縦線を入れているので，最初に読まれるときは飛ばしてもよい．

等である．

　この本の執筆者は

　　　第1章　　　　秋光　純
　　　第2章〜第3章　村上　修一
　　　第4章〜第5章　前田　はるか
　　　第6章〜第8章　伏屋　雄紀
　　　付録　　　　　村上　修一

であるが，もちろん全員で読みあわせ，最終調整を行った．

　大学 1 年生や 2 年生という若いときに出会った本はいつまでも忘れないものである．

　その意味で本書が姉妹書『基礎物理学　力学』とともに諸君の一生の伴侶になるよう祈ってやまない．

　最後に『基礎物理学　力学』のときと同じように，我々のわがままを快く受け入れてくれた培風館の斉藤淳，近藤妙子両氏には心から感謝申し上げたい．

　　2016 年 8 月 8 日

著者一同を代表して
秋光　純

目次

1章 電磁気学の歴史とその後の物理学の発展　　*1*
　1.1　電磁気学の歴史　1
　1.2　電磁気学以後の物理学の発展 ——古典物理学の完成——　3
　1.3　新しい物理学の発展 ——相対性理論と量子論——　4
　1.4　物理学の基礎方程式　5

2章 クーロン力と電場，電位　　*7*
　2.1　クーロンの法則　7
　2.2　電　場　10
　2.3　電　位　16
　2.4　電気双極子モーメント　21
　　　問　題　26

3章 電場とガウスの法則　　*29*
　3.1　ガウスの法則　29
　3.2　ガウスの法則のいくつかの応用　32
　　　問　題　40

4章 導体と静電場，および定常電流　　*41*
　4.1　導　体　41
　4.2　コンデンサーと静電容量　47
　4.3　静電エネルギー　50
　4.4　定 常 電 流　52
　　　問　題　59

5章 電流と静磁場　　*61*
　5.1　静 磁 場　61
　5.2　ビオ・サバールの法則　64
　5.3　アンペールの法則　67
　5.4　ローレンツ力　69
　　　問　題　73

6章 時間変化する電磁場　　*75*
　6.1　ファラデーの電磁誘導の法則　75
　6.2　コイルとインダクタンス　82
　6.3　磁場のエネルギー　88

    6.4 LCR 回路   89
    6.5   マクスウェル - アンペールの法則   94
          問　題   96

7章 マクスウェル方程式と電磁波　　99
    7.1   マクスウェル方程式   99
    7.2   積分形から微分形へ   101
    7.3   発散と回転：わき出しと渦   104
    7.4   発散と回転とマクスウェル方程式   106
    7.5   マクスウェル方程式の覚え方   107
    7.6   電 磁 波   108
    7.7   【発展】ベクトルポテンシャルとスカラーポテンシャル   118
          問　題   121

8章 【発展】物質中の電磁気学　　123
    8.1   誘 電 体   123
    8.2   磁 性 体   126
    8.3   物質中のマクスウェル方程式   129

付　録　　133
    A.1   ベクトル解析   133
    A.2   ギリシャ文字表   138
    A.3   接 頭 語 表   138
    A.4   物理定数表   138

演習問題解答　　139
索　引　　149

1
電磁気学の歴史とその後の物理学の発展

1.1 電磁気学の歴史

現代の科学技術の発達は目を見張るものがある。我々の日常生活を見渡しても家庭内のあらゆる物が電化され，インターネットやスマホは若い人のみでなくあらゆる年代の人に不可欠な道具となっている。これらの技術の基になっているのは "電気" である。ファラデー (Michael Faraday 1791-1867) が電磁誘導の発見 (1831 年) をイギリスの王立協会で発表したとき，この発見の実用性について問われて「何の役に立つかわからないが，あなたがそれに税金をかけるようになることは間違いない」* と答えたそうであるが，それがこのように普及するようになるとは，さすがのファラデーも予想できなかったであろう。

本書の姉妹編『基礎物理学 力学』では力学の簡単な歴史についてふれたが，ここでは電磁気学の簡単な歴史について学び，『力学』で述べなかった将来のことについてもふれてみたい。したがって，この第 1 章は『力学』第 1 章の続きといってもよいであろう。

電気と磁気については，両者は深く関係しており，通常「電磁気学」とよばれる。「磁気」の発見は古代のギリシャにさかのぼり，磁石の性質をもった物質 (現代の言葉でいえば強磁性体) の発見にさかのぼる。その後地球自身に弱い磁場があることがわかり，それを利用した「羅針盤」の発明は火薬，印刷術の発明とともに中世の三大技術革命の 1 つであるといわれる。一方，電気の発見はだいぶ遅れる。ニュートンのプリンキピアの出版が 1687 年であるが，それより約 1 世紀遅れている。18 世紀から 19 世紀にかけての物理学の発展は主に熱学 (熱力学) と電磁気学の発展である。これはイギリスの産業革命と軌を一にしており，その主な理由として，

1. 風車のように自然をただ利用するだけであった技術を，蒸気機関のようにエネルギーを積極的にとり出し，それを利用するようになったこと。
2. 物理学のあらゆる分野が「エネルギー」という一つの概念で統一され，

図1.1 マイケル・ファラデー (Michael Faraday) (1791–1867)

* この言葉は，イギリス首相グラッドストンの質問に対して答えた言葉だといわれる。一方，他の有名な言葉は，ある婦人に対しての答えで "Madame, will you tell me the use of a newborn child?" (「奥様，生まれたばかりの子供が将来どう役に立つかということを言えますか？」) というものである。

図1.2 ウィリアム・ギルバート (William Gilbert) (1540–1603)

図1.3 ステファン・グレー (Stephen Gray) (1666–1736)

図1.4 ベンジャミン・フランクリン (Benjamin Franklin) (1706–1790)

図1.5 シャルル・オーギュスタン・ド・クーロン (Charles-Augustin de Coulomb) (1736–1806)

図1.6 ハンス・クリスティアン・エルステッド (Hans Christian Oersted) (1777–1836)

種々多様なエネルギー (力学における位置エネルギーのみならず，電気エネルギー，熱エネルギーの利用など) が利用されるようになったこと．

があげられる．さて，元に戻って電気の正体がいかにわかってきたかについて述べる．電磁気学の発展の特徴は，いろいろな電磁気的現象が少しずつ解明できるようになってきて，最後にマクスウェルがいわゆる電磁場の方程式としてまとめたことにより一段落を迎える．これは18世紀までは実生活でほとんど表に顔を出さない "電気" というものが，いかに実験によって明らかにされていくかという人類の探究の歴史の良い見本である．その歴史を順に書き表してみよう．

1. 電気は「摩擦電気」の発見から始まる．エリザベス女王の侍医であったギルバート (W.Gilbert 1540-1603) は，物質は帯電する物質とそうでない物質の2種類があることを述べた．その後ニュートンの弟子であったグレー (S.Gray 1666-1736) は，摩擦で帯電しない物質は電気をのがす物質 (現代の言葉でいえば導体) であり，帯電する物質は電気を伝えない物質 (現代の言葉でいえば絶縁体) であることを実験によって確かめた (p.60 のコラムも参照のこと)．

2. その後，アメリカの独立運動に大きな役割を果たしたフランクリン (B.Franklin 1706-1790) がタコ揚げの実験で，稲妻が電気の放電現象であることを確かめたのは有名である．彼はまた摩擦によって，電気には過剰と不足の2つ (正電気と負電気) の状態があり，これらは移動するのみで生成したり消滅したりしないと述べた (これは現在でも生きている「電荷保存則」である)．

3. 初めて電気量の関係について定量的に議論したのは，有名なクーロン (C.A.Coulomb 1736-1806) である．彼は自分で発明した "ねじればかり" を用いて，「2つの帯電体の間にはたらく力は両方の電気力に比例し，距離の2乗に反比例する」ことを発見した．つまり式で書くと，力 F は

$$F = k\frac{q_1 q_2}{r^2} \quad (k：比例定数, q_1, q_2 は電荷, r は q_1, q_2 の距離)$$

で表される (2.1 節参照)．これで電荷の間にはたらく力は数量化されたが，現在我々が知っている電気と磁気の間の関係については 1820 年まで 35 年あまりを待たなければならなかった．

4. それを最初に発見したのはエルステッド (H.C.Oersted 1777-1836) であるといわれている．その実験結果を聞いたアンペール (アンペア) (M.Ampere 1775-1836) は早速くわしい再実験を行い，今でいうところのアンペールの法則を作った (5.3 節参照)．

5. その後，ファラデーは磁気と電気が対称的な関係ではないかと思いつき磁石に導線を巻いてみたが電流は流れなかった．いろいろ試行実験を繰り返したとき，磁石の磁場が変化するとき電流が流れることを偶然発見

1.2 電磁気学以後の物理学の発展 ——古典物理学の完成——

した。これがファラデーによる誘導起電力の発見であり，"電磁誘導"とも呼ばれる (6.1 節参照)。この発見は発電機の原理として，力学的エネルギー (水力発電) や熱エネルギー (火力発電) を電気的エネルギーへ変換する装置に応用され，その後の人類に対して"エネルギー革命"をもたらしたものである。ファラデーは，電磁気学に関する数えきれないほど多くの業績があるが，彼がその考えを進めるうえで力線 (電気力線，磁力線) という考え方が主要な道案内になったと言われる。この考え方を引き継いで数学的にまとめたのがマクスウェルである。

図1.7 アンドレ=マリ・アンペール (André-Marie Ampère) (1775–1836)

6. ファラデーの後マクスウェル (J.C.Maxwell 1831-1879) が電気と磁気に関する法則をまとめ，電気と磁気に関するガウスの法則，アンペールの法則 (マクスウェルはこれに変位電流という項を付け加えてアンペールの法則を修正した)，ファラデーの電磁誘導の法則の 4 つをきれいな形に書き直した (マクスウェルの (電磁場) 方程式，7 章参照)。

7. マクスウェルは，彼自身が数学的にまとめた方程式を解くことにより，電場の変動は磁場の変動を誘起し，その磁場の変動が電場の変動をうながし，これが波として伝わっていくという電磁波の存在を予想した (7 章参照)。実際，ヘルツ (H.R.Hertz 1859-1894) によって電磁波の存在が証明され，最終的には現在の "携帯電話" の発展にまで至っている。

図1.8 ジェームズ・クラーク・マクスウェル (James Clerk Maxwell) (1831–1879)

これら電磁気の発展の歴史を眺めると，力学の発展の歴史と大変よく似ていることがわかる。それは「力学における精密な天体観測 (ティコ・ブラーエ) とケプラーによるデータの定量化 ↔ ニュートンの法則」に対して，「電磁気学におけるクーロンの法則，アンペールの法則，ファラデーの電磁誘導の法則 ↔ マクスウェルの法則」とみごとな対応関係をなしている点である。

1.2 電磁気学以後の物理学の発展 ——古典物理学の完成——

力学は 17 世紀末 (1687 年) にニュートンによって集大成され，その後ラグランジュ，ハミルトン，ヤコビという人々によってより広い立場から再構成されてきた (物理学科の諸君は「解析力学」という科目でこれを独立に学ばれるはずである)。電磁気学は，約 2 世紀遅れてマクスウェルによって完成され (1864 年)，ヘルツにより電磁波の存在が確認された (1888 年)。その後，J.J. トムソン (J.J.Thomson 1856-1940) により電子がとり出され，電気量には最小単位 (電気素量) があることが実験的に確定された。これが 19 世紀の終わり (1897 年) のことである。

図1.9 ハインリヒ・ルドルフ・ヘルツ (Heinrich Rudolf Hertz) (1859–1894)

19 世紀に発展した他の分野に，熱力学という分野がある。熱力学とは，膨大な数の粒子からなる系の物理量を，統計的なある種の平均として記述しようという学問である。これは原子の個々の情報は重要ではなく系全体から測定 (もしくは推定) できる量，たとえば温度，圧力，体積，原子数などの巨視的量だ

図1.10 ジョゼフ・ジョン・トムソン (Joseph John Thomson) (1856–1940)

図1.11 ルドルフ・クラウジウス (Rudolf Clausius) (1822–1888)

図1.12 ルートヴィッヒ・エードゥアルト・ボルツマン (Ludwig Eduard Boltzmann) (1844–1906)

図1.13 アルベルト・アインシュタイン (Albert Einstein) (1879–1955)

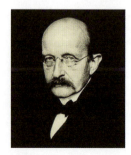

図1.14 マックス・プランク (Max Planck) (1858–1947)

けで組み立てた学問である．その後，熱力学をミクロな視点から再構成した統計力学が発展した．このような多数の粒子を扱う理論の最大の特徴は，不可逆性ということである．不可逆性とは自然の状態では，たとえば熱は高い方から低い方へ流れ，また水中に墨汁を落とすと広がるが，その逆 (自然に一点に集まること) はないということである．このことは，我々は自然界で当然のこととして受け入れている．

それを数式化したのは，クラウジウス (R.Clausius 1822-1888) であり，彼はこのような量の指標としてエントロピー (S) という量を定義した (1865年)．彼はエントロピー (S) の変化 (ΔS) は可逆過程のときは 0 であり，非可逆過程のときは正であるとした ($\Delta S \geq 0$)．さらに，ボルツマン (L.Boltzmann 1844-1906) は全エントロピー S を統計力学的に導き出すことに成功した．このことより，ニュートンの方程式は $t \to -t$ にしても方程式はそのまま成り立つ (可逆性) が，熱力学ではそのようなことは起こりえないことが理論的に示された．

これら，力学，電磁気学，熱力学 (古典統計力学) のことを古典物理学とよんでいる．このように 19 世紀には，後から古典物理学とよばれる物理学が完成し，多くの人が"物理学はもう終わった"と思っていた．

1.3 新しい物理学の発展 ——相対性理論と量子論——

しかし，20 世紀に入ると，物理学は 2 つの面から全く新しい局面を迎えた．それは量子論と，相対性理論の発見である．

相対性理論 (厳密に言うと特殊相対性理論) は 1905 年にアインシュタイン (A.Einstein 1879-1955) により発表された．アインシュタインは，次の 2 つの事実から出発した．

1. 物理法則の相対性：物理法則は互いに等速度で運動する観測者にとって同じでなければならない．
2. 光速度不変の原理：真空中の光速度は光源や観測者の運動状況によらず不変である．

これら 2 つの原理から出発して，理論を組み立てると，時間の経過が座標系により異なり，"同時"ということも考え直す必要がある．これは，我々が直観的に信じている「いかなる座標系でも時間は同じように経過する」という考え方を改めなければならないことを示している (ローレンツ変換)．またこれらの式を使うと $E = mc^2$ という質量とエネルギーの等価性が得られる．

さらに他の一つは，量子論の発展である．量子論の発端は，プランク (M.Planck 1858-1947) の空洞輻射の研究から始まる．彼は，一定温度の密閉された炉の中の熱放射の放射強度の波長分布が古典力学で導かれる値とは異なることから実験データをもとにしてその外挿式を推量した．彼は「そのような外挿式がなぜ得られるか」という問との数週間にわたる格闘の末，ついに

「エネルギー量子」という考えに到達した．エネルギー量子とは，エネルギーがとびとびの値をもっているという考えである．この考えはアインシュタインやデバイ (P.J.W. Debye 1884-1966) により，その後すぐ比熱の温度変化の説明に適用された．その後，ラザフォード (E.Rutherford 1871-1937) の実験により原子は中心にいる原子核とそのまわりを回る電子という原子模型が提案されたが，このような模型は電磁気学では安定であり得ない．なぜなら，マクスウェルの理論に従えば，原子核のまわりを回っている電子は光を射出してエネルギーを失うので安定ではあり得ないからである．

図 1.15 ピーター・デバイ (Peter J.W. Debye) (1884–1966)

これに対して，ボーア (N.H.Bohr 1885-1962) は，原子核のまわりを回る電子はある許されたエネルギーの状態にある間は光は射出されずに安定的に存在していると考え，この状態を「定常状態」と名づけた．しかし，いったいどんな条件で電子が量子的に許された状態 (定常状態) を選び出すかという根本的な問題が残されている．その後，ド・ブロイ (L.V. de Broglie 1892-1987) により全く新しい展開が得られた．それは，従来「波」であると思われていた光がエネルギー量子＝「粒子」であるということとなると，逆に「粒子」であると思われていた電子も「波」の性質をもつのではないかという発想である．後にダビソン (C.J.Davisson 1881-1958)，ガーマー (L.H.Germer 1896-1971) や日本の菊池正士 (1902-1974) により電子が波の性質をもつこと，さらに多くの科学者による実験によって全ての粒子が粒子と波の二面性をもつことが立証された．これを上記の「定常状態」という考えに当てはめてみよう．いま，電子の軌道半径を r とすると，このときこの円に沿って進行する電子の波が安定に存在するためには，その波長 λ は円周 $2\pi r$ の整数分の 1 でなくてはならない．すなわち $2\pi r/\lambda =$ 整数 という条件が浮かび上がってくる．これを「ボーアの量子条件」とよぶ．

図 1.16 アーネスト・ラザフォード (Ernest Rutherford) (1871–1937)

このように，波の性質と粒子性ということが矛盾なく説明できたのである．これを数学的式としてまとめたのがシュレディンガー (E. Schrödinger 1887-1961) であり，その方程式をシュレディンガー (Schrödinger) 方程式とよぶ．これにより量子力学の基礎が確立された．

1.4 物理学の基礎方程式

以下，諸君が 1～3 年生の間に学ぶ基礎的な方程式を列挙すると

1. 力学 ── ニュートンの運動方程式
$$m\frac{d^2\boldsymbol{r}}{dt^2} = \boldsymbol{F}$$

2. 電磁気学 ── マクスウェル方程式
$$\mathrm{div}\boldsymbol{E} = \frac{\rho}{\varepsilon_0}$$
$$\mathrm{div}\boldsymbol{B} = 0$$

図 1.17 ニールス・ヘンリク・ダヴィド・ボーア (Niels Henrik David Bohr) (1885–1962)

図 1.18 ルイ・ド・ブロイ (Louis V. de Broglie) (1892–1987)

図 1.19　エルヴィン・シュレディンガー (Erwin Schrödinger) (1887–1961)

$$\mathrm{rot}\,\boldsymbol{E} = -\frac{\partial \boldsymbol{B}}{\partial t}$$

$$\mathrm{rot}\,\boldsymbol{B} = \mu_0 \boldsymbol{j} + \mu_0 \varepsilon_0 \frac{\partial \boldsymbol{E}}{\partial t}$$

3. 相対性理論 —— ローレンツ変換とアインシュタインの関係式

$$x' = \frac{x - vt}{\sqrt{1 - (v^2/c^2)}}$$

$$t' = \frac{t - (v/c^2)x}{\sqrt{1 - (v^2/c^2)}}$$

$$E = mc^2$$

4. 量子力学 —— シュレディンガー方程式

$$i\hbar \frac{\partial \psi}{\partial t} = -\frac{\hbar^2}{2m}\nabla^2 \psi + V(\boldsymbol{r})\psi$$

5. 統計力学 —— ボルツマンの原理

$$S = k_B \log W$$

とまとめられる。

2

クーロン力と電場，電位

この章ではまず，2つの電荷の間にはたらく力を記述するクーロンの法則を説明する．そのクーロンの法則の解釈を深めていくことで，電場の概念を導入する．さらに電場を積分することで，電荷に対する位置エネルギーの概念，すなわち電位を導入する．この章で電場を導入する際には，電場は，クーロンの法則を言い換えるための仮想的な概念にすぎないが，実は電磁気学の構築を進めていくと，電磁波などの現象の記述にはなくてはならない実体をもったものであることがしだいに判明する．

2.1 クーロンの法則

2.1.1 電荷とクーロンの法則

ここでは「静電気」にかかわる現象を考える．たとえばプラスチックの下敷きを布でこすると静電気を帯びて，髪の毛が下敷きに吸い付くような現象や，また乾燥した冬の日に，ドアノブなど金属製の物に触ろうとすると火花が走るような現象は誰しも経験したことがあろう．これは静電気とよばれ，物体に電荷 (charge) がたまったことによって起きる．

電荷には，プラスとマイナスがある．電荷はクーロン (Coulomb) という単位で測られ C と書く．なお電磁気学ではいくつか異なる単位系が知られているが，現在標準となっているのは **SI 単位系** (国際単位系) であり，本書ではこの単位系に従って説明する．C (クーロン) は，SI 単位系で電荷を測る単位である．

通常の物体は電荷をもっていないが，異なる物体どうしをこすり合わせると片方にプラスの電荷 (正電荷という)，もう一方にマイナスの電荷 (負電荷) がたまることがあるが，こすり合わせる前と後で電荷の総量は変わらない．このように，電荷は移動してもその電荷の量が変わることはなく，これを**電荷の保存** (charge conservation) という (4.4.1 も参照のこと)．

静電気が起こる原因は次のようなものである．身の回りの物質は全て原子からできていて，原子の中には原子核と電子がある．電子は 1 個あたり決まった負の電荷の量 ($-e \simeq -1.6 \times 10^{-19}$C) をもち，また原子核は正の電荷をもって

いて，1 個の原子では全体の電荷の量がつり合ってゼロになっている．物質をこすり合わせると一部の電子が一方から他方の物質へ移動し，両方の物質に静電気が生じる．電子が移動しても電子の個数が変わらないため，全体としては電荷の保存が成り立っている．

2 つの電荷どうしの間には力がはたらくことがわかっている．この力を記述する法則がクーロンの法則 (Coulomb's law) である．図 2.1 に示すように，正電荷どうし，負電荷どうしの間には斥力，正電荷と負電荷の間には引力がはたらき，その力の大きさ F は，その電荷をそれぞれ q_1, q_2 とおくと

$$F = \frac{1}{4\pi\varepsilon_0} \frac{q_1 q_2}{r_{12}^2} \tag{2.1}$$

と表される，というのがクーロンの法則である．ここで r_{12} は 2 つの電荷の間の距離である．また ε_0 は**真空の誘電率** (vacuum permittivity) とよばれる定数であり，SI 単位系では $\varepsilon_0 = 8.85418\cdots \times 10^{-12}\,\mathrm{C^2/Nm^2}$ という値をもつ．この電荷どうしにはたらく力のことを**クーロン力** (Coulomb force) という．この式から，クーロン力は電荷の間の距離の 2 乗に反比例する．

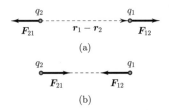

図 2.1 点電荷 q_1 と q_2 の間にはたらくクーロン力は，(a) 電荷が同符号の場合 ($q_1 q_2 > 0$) は斥力，(a) 電荷が異符号の場合 ($q_1 q_2 < 0$) は引力になる．

このクーロンの法則を少し書き直すことを考える．ここで F は力であり，力は本来はベクトル量であって向きと大きさをもっている量だが，上の式 (2.1) は大きさだけしか表していない点が物足りない．そのため力をベクトル量 $\boldsymbol{F}$ として表す式に書き直すとよい．それにより，以下の形でのクーロンの法則が得られる．

(**クーロンの法則**)　$\boldsymbol{r}_1$ にある点電荷 q_1 が $\boldsymbol{r}_2$ にある点電荷 q_2 から受けるクーロン力は次式で与えられる．

$$\boldsymbol{F}_{12} = \frac{1}{4\pi\varepsilon_0} \frac{q_1 q_2}{r_{12}^2} \frac{\boldsymbol{r}_1 - \boldsymbol{r}_2}{r_{12}} = \frac{q_1 q_2}{4\pi\varepsilon_0 |\boldsymbol{r}_1 - \boldsymbol{r}_2|^2} \frac{\boldsymbol{r}_1 - \boldsymbol{r}_2}{|\boldsymbol{r}_1 - \boldsymbol{r}_2|} \tag{2.2}$$

ここでは $r_{12} = |\boldsymbol{r}_1 - \boldsymbol{r}_2|$ を用いると，電荷 q_2 から q_1 にいたる向きが単位ベクトル $\frac{\boldsymbol{r}_1 - \boldsymbol{r}_2}{r_{12}}$ で与えられることを使っている．このようにすると，電荷の符号が正負両方の場合とも，力の向きを正しく記述していることに注意しておきたい．なぜなら，q_1 と q_2 とが同符号であれば $\boldsymbol{F}_{12}$ と $\boldsymbol{r}_1 - \boldsymbol{r}_2$ は同じ向き，異符号であれば逆向きとなり，図 2.1 に一致している．

この式は電荷 q_1 が電荷 q_2 から受ける力であり，一方，電荷 q_2 が電荷 q_1 から受ける力は

$$\boldsymbol{F}_{21} = \frac{q_2 q_1}{4\pi\varepsilon_0 |\boldsymbol{r}_2 - \boldsymbol{r}_1|^2} \frac{\boldsymbol{r}_2 - \boldsymbol{r}_1}{|\boldsymbol{r}_2 - \boldsymbol{r}_1|} = -\boldsymbol{F}_{12} \tag{2.3}$$

となる．q_1 が q_2 から受ける力 $\boldsymbol{F}_{12}$ と q_2 が q_1 から受ける力 $\boldsymbol{F}_{21}$ とは，大きさが同じであり，向きは反対であるという作用・反作用の法則を自動的に満たしている (図 2.1)．また，今考えている点電荷に対して，複数の点電荷が力を及ぼすときには，それらの力はベクトル量なので，それらはベクトルとして合計すればよい (クーロン力の重ね合わせ)．

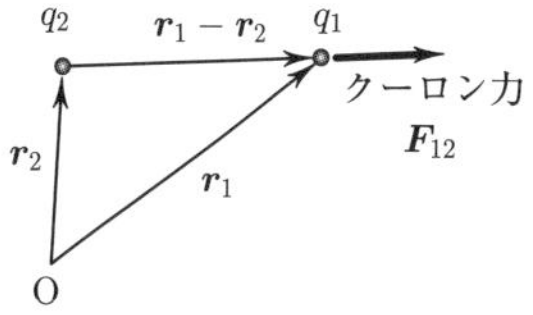

図 2.2 点電荷 q_1 が点電荷 q_2 から受けるクーロン力

[例題 2.1] 点電荷間にはたらくクーロン力
xy 平面上で $(0, a)$ と $(0, -a)$ に，ともに電荷 Q が置かれている．点 $(a, 0)$ にさらに電荷 q を置くとき，この電荷 q に作用する力を求めよ．

[解] $(0, a)$ にある電荷 Q が電荷 q に及ぼす力は

$$\boldsymbol{F}_1 = \frac{Qq}{4\pi\varepsilon_0(\sqrt{2}a)^2} \frac{1}{\sqrt{2}a}(a, -a) \tag{2.4}$$

で，$(0, -a)$ にある電荷 Q が電荷 q に及ぼす力は

$$\boldsymbol{F}_2 = \frac{Qq}{4\pi\varepsilon_0(\sqrt{2}a)^2} \frac{1}{\sqrt{2}a}(a, a) \tag{2.5}$$

である．これらをベクトルとして合成すると，力 $\boldsymbol{F}$ は

$$\boldsymbol{F} = \boldsymbol{F}_1 + \boldsymbol{F}_2 = (\sqrt{2}Qq/8\pi\varepsilon_0 a^2, 0)$$

である．

[例題 2.2] 点電荷間にはたらくクーロン力
電荷 3×10^{-8} C で質量の等しい 2 つの小球に長さ 10 cm の糸をつけて同じ点からつるしたところ，両方の糸とも鉛直から 30 度傾いて離れてつり合った．両球の質量を求めよ．

[解] 糸の張力の大きさ T，クーロン力の大きさ F とする．球の質量 m，重力加速度を g として，図 2.3 から $mg = (\sqrt{3}/2)T$, $F = (1/2)T$ なので，$mg = \sqrt{3}F$．電荷の間の距離は $2\sin 30° \cdot 10\,\mathrm{cm} = 10\,\mathrm{cm}$ なので，クーロン力は，

$$F = \frac{(3 \times 10^{-8}\,\mathrm{C})^2}{4\pi \cdot 8.85\cdots \times 10^{-12}\,\mathrm{C^2/Nm^2} \cdot (0.10\,\mathrm{m})^2}$$
$$= 8.1 \times 10^{-4}\,\mathrm{N} \tag{2.6}$$

したがって，

$$m = \sqrt{3} \times 8.1 \times 10^{-4}\,\mathrm{N}/(9.8\,\mathrm{m/s^2}) = 0.14\,\mathrm{g} \tag{2.7}$$

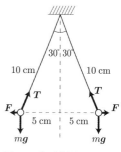

図 2.3 点電荷間にはたらくクーロン力

2.2 電場

2.2.1 電場の導入，および電荷が電場から受ける力

上で述べたクーロン力の考え方は，離れている電荷と電荷とが直接力を及ぼし合うというものであり，**遠隔作用** (nonlocal interaction) とよばれる考え方である．以下で説明するように，電磁気学ではこうした遠隔作用の考え方から一歩進めて，**場** (field) の概念を導入して解釈をし直す．これはクーロン力については，前節で述べた現象を別の言葉で言い換えることにすぎない．しかし実は，場の概念を導入することにより，説明できる電磁現象の幅が広がり，また電磁波などの新しい概念に到達することができる．つまり「場」の概念の導入が，電磁気学の大きな広がりをもたらす鍵となっている．

ここで導入する場は「電場」である．位置ベクトル $\bm{R}$ にある電荷 Q が，位置 $\bm{r}$ にある電荷 q に及ぼす力は，クーロンの法則 (2.2) から

$$\bm{F} = \frac{qQ}{4\pi\varepsilon_0|\bm{r}-\bm{R}|^2}\frac{\bm{r}-\bm{R}}{|\bm{r}-\bm{R}|} \tag{2.8}$$

である．これを形式的に書き直すと，

$$\bm{F} = q\bm{E}, \quad \bm{E} = \frac{Q}{4\pi\varepsilon_0|\bm{r}-\bm{R}|^2}\frac{\bm{r}-\bm{R}}{|\bm{r}-\bm{R}|} \tag{2.9}$$

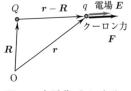

図 2.4 点電荷 Q による，位置 $\bm{r}$ での電場 $\bm{E}$

* 電場が時刻によらない一定値のとき，特に静電場とよぶことがある．

となる (図 2.4)．この $\bm{E}$ は，$\bm{r}$ の位置での電場とよばれる量である．解釈としては，電荷 Q があるとそれが $\bm{r}$ の位置に上記のような**電場** (electric field) $\bm{E}$ を作り，それが電荷 q に力を及ぼすというものである．電荷 q を置く位置 $\bm{r}$ は任意であるから，結局電荷 Q が存在することで，空間全体に電場が生じることになる．真空中に電荷 Q をおいても見かけ上何もないようにみえるが，実はこの真空の空間全体に電場が生じているとみなす．

まとめると次のようになる．

(**点電荷の作る電場**) 位置 $\bm{R}$ にある電荷 Q が点 $\bm{r}$ に作る電場 $\bm{E}$ は

$$\bm{E}(\bm{r}) = \frac{Q}{4\pi\varepsilon_0|\bm{r}-\bm{R}|^2}\frac{\bm{r}-\bm{R}}{|\bm{r}-\bm{R}|} \tag{2.10}$$

(**電場から点電荷が受ける力**) 位置 $\bm{r}$ にある電荷 q が電場から受ける力 $\bm{F}$ は

$$\bm{F}(\bm{r}) = q\bm{E}(\bm{r}) \tag{2.11}$$

今までの説明から，これらはクーロンの法則 (2.2) の言い換えであることがわかる．すなわち，電荷 Q が電荷 q に及ぼす力を，電荷 q の場所にある電場から直接受けている力と解釈することになり，これを**近接作用** (local interaction) の考え方とよぶ．これは前節での遠隔作用の考えを言い換えたも

のである。2個の電荷の間にはたらく力の公式には，前節でのクーロン力の表式と，この節での電場から電荷が受ける力の公式と2つあるが，この2つはいわば同じ物理を別の言葉で言い換えたものであり，この2つを計算して足し合わせるのは誤りである。

このように真空中であっても，電荷があるとその周りに電場が形成される。式 (2.10) より，点電荷が作る電場は，正電荷の場合は電荷から電場がわきだす形となり，負電荷の場合は電荷へと電場が吸い込まれる形となる。電場の強さは点電荷からの距離の2乗に反比例する。なお電場の単位は上の議論から，力の単位 N を電荷の単位 C で割った N/C となるが，これは通常，それと等価な V/m という形で書かれる。V (ボルト) は電位や電圧の単位であり，これについては後の章で説明する。

(a) 正電荷

(b) 負電荷

図2.5 点電荷のまわりの電場分布の模式図

これまでのことから，空間内のそれぞれの点 r に対して電場を表すベクトル $\bm{E}(\bm{r})$ が定義されている，ということになる。場とは端的にいえば，位置 $\bm{r}$ の関数のことであるといってもよい。電場はベクトルで表されている場なのでベクトル場 (vector field) とよばれるものの例になっている。それに対して，場がスカラーで表されるものをスカラー場 (scalar field) とよぶ。大まかにいえば，ベクトル場は位置 $\bm{r}$ の関数であるようなベクトル，スカラー場は $\bm{r}$ の関数であるようなスカラーであると考えればよい。たとえば2.3節で導入する電位はスカラー場の一例である。

2.2.2 電場の重ね合わせ

上では1個の点電荷 Q が作る電場について考えた。では電荷が複数ある場合はどうなるか。電場は上で述べたように，クーロン力を介して定義されているので，力の合成と同様に，複数の電荷からの電場をベクトルとして足し算すればよい。たとえば電荷 Q_1 が位置 $\bm{R}_1$ に，電荷 Q_2 が位置 $\bm{R}_2$ にあるとすると，それらにより位置 $\bm{r}$ に作られる電場は，

$$\bm{E}(\bm{r}) = \frac{Q_1}{4\pi\varepsilon_0|\bm{r}-\bm{R}_1|^2}\frac{\bm{r}-\bm{R}_1}{|\bm{r}-\bm{R}_1|} + \frac{Q_2}{4\pi\varepsilon_0|\bm{r}-\bm{R}_2|^2}\frac{\bm{r}-\bm{R}_2}{|\bm{r}-\bm{R}_2|} \quad (2.12)$$

となる。電場は上で述べたようにベクトル場であるので，ベクトルの和の公式に従って合成すればよいことになる (図 2.6)。3つ以上の点電荷がある場合も同様である。

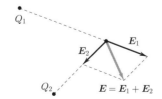

図2.6 複数の点電荷による電場の合成。$Q_1 > 0$, $Q_2 < 0$ としている。

[例題 2.3] 複数の点電荷の作る電場

図 2.7 に示すように，x 軸上で点 A$(x=0)$ に $q_A = 9\,\mathrm{C}$ の点電荷，$x = 1\,\mathrm{m}$ の点 B に $q_B = 1\,\mathrm{C}$ の点電荷がある。このとき，x 軸上で電場がゼロになる点を求めよ。

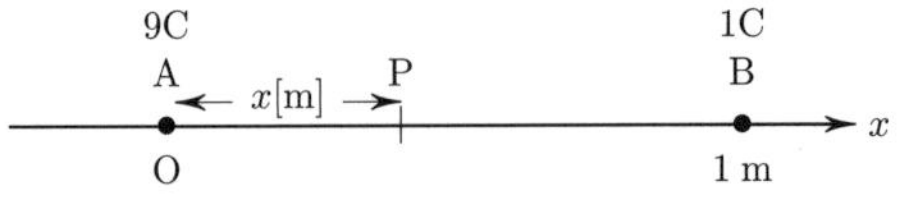

図 2.7

[解] 点 P の座標を $x[\mathrm{m}]$ とおくと，点 A にある電荷 q_A が点 P に作る電場は，x 軸の正の向きに

$$\frac{q_A}{4\pi\varepsilon_0 |x|^2}\frac{x}{|x|} \tag{2.13}$$

点 B にある電荷 q_B が点 P に作る電場は，

$$\frac{q_B}{4\pi\varepsilon_0 |x-1|^2}\frac{x-1}{|x-1|} \tag{2.14}$$

となる。これらの和がゼロになるとすると，

$$0 = \frac{q_A}{4\pi\varepsilon_0 |x|^2}\frac{x}{|x|} + \frac{q_B}{4\pi\varepsilon_0 |x-1|^2}\frac{x-1}{|x-1|} \tag{2.15}$$

q_A と q_B とが同符号なので，式 (2.15) が成立するためには，x と $x-1$ は異符号でなければならない。すなわち $0 < x < 1$。すると上式から

$$\frac{q_A}{4\pi\varepsilon_0}\frac{1}{x^2} = \frac{q_B}{4\pi\varepsilon_0}\frac{1}{(x-1)^2} \tag{2.16}$$

よって，$x-1 < 0, x > 0$ に気をつけると

$$9(x-1)^2 = x^2 \Rightarrow 3(1-x) = x \Rightarrow x = \frac{3}{4} \tag{2.17}$$

より，$\frac{3}{4}\,\mathrm{m}$ である。

[例題 2.4] 点電荷による電場とその重ね合わせ

xy 平面上で $(0, a)$ と $(0, -a)$ に，ともに電荷 Q が置かれている。これが点 $(a, 0)$ に作る電場を求め，さらにそこに電荷 q を置くときにこの電荷 q に作用する力を求めよ。

[解] $(0, a)$ にある電荷 Q が $(a, 0)$ に作る電場は

$$\boldsymbol{E}_1 = \frac{Q}{4\pi\varepsilon_0(\sqrt{2}a)^2}\frac{1}{\sqrt{2}a}(a, -a) \tag{2.18}$$

で，$(0, -a)$ にある電荷 Q が $(a, 0)$ に作る電場は

$$\boldsymbol{E}_2 = \frac{Q}{4\pi\varepsilon_0(\sqrt{2}a)^2}\frac{1}{\sqrt{2}a}(a, a) \tag{2.19}$$

である。これらをベクトルとして合成すると，電場 $\boldsymbol{E}$ は

$$\bm{E} = \bm{E}_1 + \bm{E}_2 = \left(\frac{\sqrt{2}Q}{8\pi\varepsilon_0 a^2},\ 0 \right)$$

である．またこの電場中に電荷 q を置くと受ける力は，

$$\bm{F} = q\bm{E} = \left(\frac{\sqrt{2}Qq}{8\pi\varepsilon_0 a^2},\ 0 \right)$$

この結果は例題 2.1 と一致している．

さらに発展させて，電荷が点状ではなく連続的に空間に分布しているような場合を考える．そのような電荷の分布を記述するには，**電荷密度** (charge density) $\rho(\bm{r})$ という量を導入する．これは単位体積 (SI 単位系では $1\,\mathrm{m}^3$) にある電荷量を表すもので，一般に電荷の分布が場所により変化している場合に，空間内に微小な領域 (体積 ΔV) を考えて，その中にある電荷量を ΔQ としたときに，

$$\rho \equiv \frac{\Delta Q}{\Delta V} \tag{2.20}$$

で電荷密度を定義する．この電荷密度は位置 $\bm{r}$ の関数である．単位は $\mathrm{C/m}^3$ である．

電荷密度 $\rho(\bm{r})$ で空間分布している電荷が作る電場は，点電荷の公式を拡張すれば得られる．位置 $\bm{r}'$ の周辺の微小体積 $\Delta V'$ にある電荷量は $\rho(\bm{r}')\Delta V'$ である (図 2.8)．これを点電荷と見なすと位置 $\bm{r}$ に作る電場は

$$\bm{E}(\bm{r}) = \frac{\rho(\bm{r}')\Delta V'}{4\pi\varepsilon_0 |\bm{r}-\bm{r}'|^2} \frac{\bm{r}-\bm{r}'}{|\bm{r}-\bm{r}'|} \tag{2.21}$$

これを全ての位置 $\bm{r}'$ について合計すると

$$\bm{E}(\bm{r}) = \sum_{\bm{r}'} \frac{\rho(\bm{r}')\Delta V'}{4\pi\varepsilon_0 |\bm{r}-\bm{r}'|^2} \frac{\bm{r}-\bm{r}'}{|\bm{r}-\bm{r}'|} \tag{2.22}$$

のようになる．ここで微小体積をゼロとする極限をとると，結局体積積分で表されて以下のようになる (体積積分については付録を参照)．

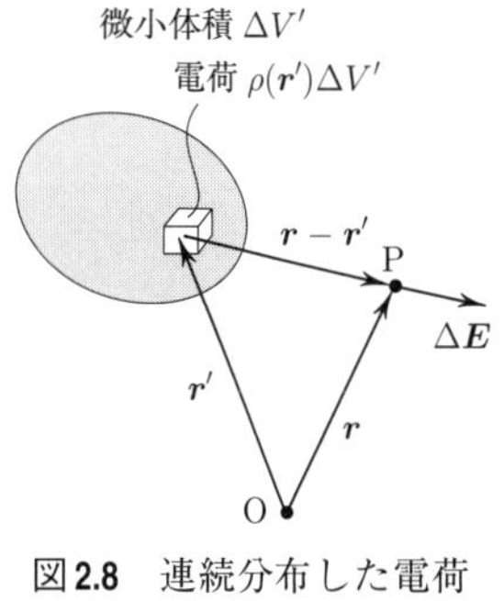

> (**連続分布する電荷による電場**) 電荷密度 $\rho(\bm{r})$ で表される電荷分布による電場は次の式で表される (図 2.8)．
> $$\bm{E}(\bm{r}) = \frac{1}{4\pi\varepsilon_0} \int \rho(\bm{r}') \frac{\bm{r}-\bm{r}'}{|\bm{r}-\bm{r}'|^3} dV' \tag{2.23}$$

図 2.8 連続分布した電荷により作られる電場の計算

2.2.3 電気力線

電場はベクトル場であるので，空間の各点 $\bm{r}$ にベクトル $\bm{E}(\bm{r})$ が対応する．これをより直感的にとらえるために**電気力線** (line of electric force) とよばれる概念を導入する．電気力線は以下の 2 つの性質で定義される．

(a) 正電荷

(b) 負電荷

図 2.9 点電荷のまわりの電気力線

1. 電気力線上の各点において，電場の向きは電気力線の接線方向に沿っており，電気力線につけた向き (図上では矢印で表す) と一致する。
2. ある点での電場の大きさは，その点における電気力線に垂直な面の上での電気力線の面密度 (その面の単位面積あたりの本数) に比例する。

まず簡単な例として，点電荷が 1 個ある場合に，そのまわりでの電気力線を描くと図 2.9 のようになる。なぜなら，まず向きについては，(a) 正電荷のまわりでは電場は放射外向き，(b) 負電荷のまわりでは電場は放射内向きとなっていて (図 2.5 参照)，図の電気力線はまさにその向きを向いている。また電場の強さは電荷からの距離 r の 2 乗に反比例するが，3 次元空間内で放射状に電気力線が出ているため，点電荷からの距離 r の点において，電気力線に垂直な面上での電気力線の面密度 (電気力線に垂直な単位面積を貫く電気力線の本数) は $1/r^2$ に比例しており，符合している。

[例題 2.5] 電気力線

点 $A(0, 0, \sqrt{3}a)$ に電荷 $-Q$ の点電荷，点 $B(0, 0, -\sqrt{3}a)$ に電荷 Q の点電荷がある。a, Q は正の定数とする。この場合の電気力線の模式図は図 2.10 のようになる。次の問いに答えよ。

(1) 点 $C(2a, 0, -\sqrt{3}a)$ での電気力線が x 軸の方向となす角を θ とおくとき，$\tan\theta$ を求めよ。

(2) 点 $C(2a, 0, -\sqrt{3}a)$ での電気力線の面密度は，点 $O(0,0,0)$ での電気力線の面密度の何倍か。

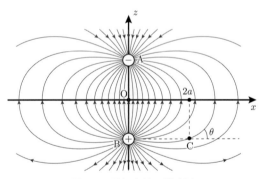

図 2.10 電気力線の模式図

[解]　(1) 点 A の電荷による点 C での電場は
$$\frac{-Q}{4\pi\varepsilon_0(4a)^2}\frac{(2a, 0, -2\sqrt{3}a)}{4a} = \frac{-Q}{128\pi\varepsilon_0 a^2}(1, 0, -\sqrt{3}) \quad (2.24)$$

点 B の電荷による点 C での電場は
$$\frac{Q}{4\pi\varepsilon_0(2a)^2}\frac{(2a, 0, 0)}{2a} = \frac{Q}{16\pi\varepsilon_0 a^2}(1, 0, 0) \quad (2.25)$$

よって点 C での電場はこれらを合計して，
$$\boldsymbol{E}(\mathrm{C}) = \frac{-Q}{128\pi\varepsilon_0 a^2}(1,0,-\sqrt{3}) + \frac{Q}{16\pi\varepsilon_0 a^2}(1,0,0)$$
$$= \frac{Q}{128\pi\varepsilon_0 a^2}(7,0,\sqrt{3}) \tag{2.26}$$
したがって，$\tan\theta = \dfrac{\sqrt{3}}{7}$

(2) 点 O での電場は，上と同様にして，
$$\boldsymbol{E}(\mathrm{O}) = \frac{Q}{4\pi\varepsilon_0(\sqrt{3}a)^2}(0,0,1)\cdot 2$$
$$= \frac{Q}{6\pi\varepsilon_0 a^2}(0,0,1) \tag{2.27}$$
したがって求める比は，その点での電場の強さの比に等しく，
$$\frac{|\boldsymbol{E}(\mathrm{C})|}{|\boldsymbol{E}(\mathrm{O})|} = \frac{6\sqrt{52}}{128} = \frac{3\sqrt{13}}{32}$$
となる。

[例題 2.6] 直線状に分布する電荷による電場
無限に長い直線上に線密度 λ で一様に電荷が分布している*。このとき，この直線から距離 R だけ離れた点 P での電場の強さを求めたい。

(1) この直線が z 軸，点 P が x 軸上になるように座標軸を設定すると，P$(R,0,0)$ となる。z 座標が ζ から $\zeta+\Delta\zeta$ の範囲 ($\Delta\zeta$ は微小な長さ) にある電荷を点電荷とみなしたとき，その点電荷による，点 P$(R,0,0)$ での電場を求めよ。

(2) この線状の電荷による電場を求めよ。

* 電荷が線上に分布している場合に，その線の微小長さ Δl の中にある電荷量を ΔQ としたときに
$$\lambda \equiv \frac{\Delta Q}{\Delta l}$$
で電荷線密度 λ を定義する。単位は C/m である。

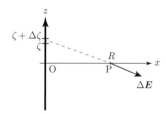

図 2.11 線状に一様分布した電荷による電場の計算

[解] (1) この区間にある電荷量は $\lambda\Delta\zeta$ である。この電荷の位置から点 P に至るベクトルは $\boldsymbol{r}=(R,0,-\zeta)$ なので，電場 $\Delta\boldsymbol{E}$ は
$$\Delta\boldsymbol{E} = \frac{\lambda\Delta\zeta}{4\pi\varepsilon_0}\frac{\boldsymbol{r}}{|\boldsymbol{r}|^3}$$
$$= \frac{\lambda\Delta\zeta}{4\pi\varepsilon_0(R^2+\zeta^2)^{3/2}}(R,0,-\zeta) \tag{2.28}$$

(2) (1) の式を ζ が $-\infty$ から ∞ まで加えればよく，微小区間の長さを短くし

ていく極限で次の積分に帰着する。

$$\bm{E} = \int_{-\infty}^{\infty} \frac{\lambda\, d\zeta}{4\pi\varepsilon_0 (R^2+\zeta^2)^{3/2}}(R, 0, -\zeta) \tag{2.29}$$

したがって $E_y = 0$, また $E_z = 0$ (被積分関数が ζ の奇関数であるため), さらに

$$E_x = \frac{\lambda R}{4\pi\varepsilon_0}\int_{-\infty}^{\infty} \frac{d\zeta}{(R^2+\zeta^2)^{3/2}} \tag{2.30}$$

$\zeta = R\tan\theta$ と置換積分して,

$$E_x = \frac{\lambda}{4\pi\varepsilon_0 R}\int_{-\pi/2}^{\pi/2} \cos\theta\, d\theta = \frac{\lambda}{2\pi\varepsilon_0 R} \tag{2.31}$$

つまり電場は,直線に垂直で放射外向きに,強さ $\dfrac{\lambda}{2\pi\varepsilon_0 R}$ で与えられる。

2.3 電 位

2.3.1 電位の導入

電場 $\bm{E}(\bm{r})$ が空間的に分布しているとする。そこに点電荷 Q をおき,それを電場中で仮想的に動かすことを考える。電場中ではその点電荷は電気力 (クーロン力) を受けるため,電場中で電荷が運動すると電場から仕事をされる。その仕事について考えよう。以下で,静電場から電荷が受ける静電気力は**保存力** (conservative force) となっていることを示す。

力学で学ぶように,保存力はある点 A から別の点 B へと物体が移動する際に,その力が物体にする仕事 W_{AB} が A-B 間の経路によらない (つまり出発点 A と帰着点 B のみによる) ような力のことである。たとえば重力,万有引力,バネの弾性力などがそれにあたる。ある力が保存力であれば,その力に対してポテンシャルエネルギー (位置エネルギー) $U(\bm{r})$ を定義できる。すなわち,$W_{\mathrm{AB}} = U(\bm{r}_{\mathrm{A}}) - U(\bm{r}_{\mathrm{B}})$ が成り立つようにポテンシャルエネルギーを表す関数 $U(\bm{r})$ が定義できる。

静電場から電荷 Q が受ける力も保存力であり,そのためポテンシャルエネルギーを定義できる。それを以下に示しておく。静電場は前章に述べたように,点電荷が作る電場の合成として表されるので,一つの点電荷 q が作る電場について,その電場が電荷 Q に及ぼす力が保存力であることを示せばよい。点電荷 q の位置を原点とし,電荷 Q が点 A (位置 $\bm{r}_{\mathrm{A}}$) から点 B (位置 $\bm{r}_{\mathrm{B}}$) へ移動するときの仕事 W_{AB} を考える。詳しい計算は以下のようになる。

電荷 Q が位置 $\bm{r}$ にあるときに受ける力は

$$\bm{F} = Q\bm{E}(\bm{r}) = \frac{Qq}{4\pi\varepsilon_0}\frac{\bm{r}}{r^3} \tag{2.32}$$

なので,電荷 Q が $\Delta \bm{r}$ 移動する間にされる仕事 ΔW は

$$\Delta W = \boldsymbol{F} \cdot \Delta \boldsymbol{r} = \frac{Qq}{4\pi\varepsilon_0} \frac{\boldsymbol{r} \cdot \Delta \boldsymbol{r}}{r^3} \qquad (2.33)$$

よって点 A から点 B まで移動する間に，静電気力からされる仕事 W_{AB} は

$$W_{\mathrm{AB}} = \int_{\mathrm{A}}^{\mathrm{B}} \frac{Qq}{4\pi\varepsilon_0} \frac{\boldsymbol{r} \cdot d\boldsymbol{s}}{r^3} = \int_{\mathrm{A}}^{\mathrm{B}} \frac{Qq}{4\pi\varepsilon_0} \frac{dr}{r^2} = \frac{Qq}{4\pi\varepsilon_0} \left(\frac{1}{r_{\mathrm{A}}} - \frac{1}{r_{\mathrm{B}}} \right) \qquad (2.34)$$

なおここでは，$\boldsymbol{r} = (x, y, z)$, $d\boldsymbol{s} = (dx, dy, dz)$ から，

$$\boldsymbol{r} \cdot d\boldsymbol{s} = x dx + y dy + z dz = \frac{1}{2} d(r^2) = r dr \quad (r = |\boldsymbol{r}| = \sqrt{x^2 + y^2 + z^2})$$

となることを用いた。よってこれは起点と終点によってのみ決まり，途中の経路によらない。

* 線積分の表記法は，$d\boldsymbol{s}$ とする場合も $d\boldsymbol{r}$ とする場合もあり，どちらも同じ意味である

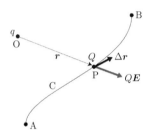

図 2.12　電場中で点電荷 Q を動かす場合に受ける仕事

この結果から

$$W_{\mathrm{AB}} = U(\boldsymbol{r}_{\mathrm{A}}) - U(\boldsymbol{r}_{\mathrm{B}}), \quad U(\boldsymbol{r}) \equiv \frac{Qq}{4\pi\varepsilon_0 r} \qquad (2.35)$$

のように，静電気力によるポテンシャル $U(\boldsymbol{r})$ を定義することができる。ここでは点電荷 q の作る電場により，r だけ離れた点電荷 Q のもつポテンシャルエネルギーを考えた。この点電荷の結果を重ね合わせることにより，一般の電荷分布に対しても同様にポテンシャルエネルギー $U(\boldsymbol{r})$ を定義することができる。

このポテンシャル $U(\boldsymbol{r})$ は，電荷量 Q に比例するので，

$$U(\boldsymbol{r}) = Q\phi(\boldsymbol{r}) \qquad (2.36)$$

として**電位** $\phi(\boldsymbol{r})$ (electric potential) を定義する。つまり，ある点 $\boldsymbol{r}$ での電位が $\phi(\boldsymbol{r})$ であるとは，その点に仮に点電荷 Q をおいたときに，その点電荷のもつポテンシャルエネルギーが $Q\phi(\boldsymbol{r})$ となることを意味する。電位の単位はボルト (volt) といい，V と書く。式 (2.36) から，V = J/C の関係があることがわかる。

2.3.2 電荷分布の作る電位

上の議論から，原点にある点電荷 q が作る電位分布は，位置 $\boldsymbol{r}$ で

$$\phi(\boldsymbol{r}) = \frac{q}{4\pi\varepsilon_0 |\boldsymbol{r}|} \qquad (2.37)$$

となる。一般に，電荷 q の位置が $\boldsymbol{R}$ のときには，以下のことがいえる。

> (点電荷の作る電位) 位置 $\boldsymbol{R}$ にある電荷 q が点 $\boldsymbol{r}$ に作る電位 ϕ は
> $$\phi(\boldsymbol{r}) = \frac{q}{4\pi\varepsilon_0}\frac{1}{|\boldsymbol{r}-\boldsymbol{R}|} \tag{2.38}$$

次に電荷が，電荷密度 $\rho(\boldsymbol{r})$ で表される連続分布をしているとするときには，(電場のときと同様に) 空間を微小部分に分けて，各微小部分の電荷が作る電位を重ね合わせればよい。すなわち以下のようになる。

> (連続分布する電荷による電位) 電荷密度 $\rho(\boldsymbol{r})$ で表される電荷分布による電位は次の式で表される。
> $$\phi(\boldsymbol{r}) = \frac{1}{4\pi\varepsilon_0}\int \rho(\boldsymbol{r}')\frac{1}{|\boldsymbol{r}-\boldsymbol{r}'|}dV' \tag{2.39}$$

2.3.3 電位と電場の関係，等電位面

ここで，電位について一言注意しておく。どのような種類のポテンシャルエネルギーであっても，その値には基準点を選ぶ自由度に伴う不定性があるが，それと同様の理由により，電位についても基準点の選び方の自由度がある。たとえば重力の位置エネルギーは，高さ h にある質量 m の物体に対して mgh (g: 重力加速度) と与えられるが，高さ h の基準点の取り方には自由度があり，どこから測ってもよい。ただし一度基準点を決めたら，高さは常にその基準点から測るようにしなければならない。電位についても同様で，基準点はどこにとってもよく，ある基準点から測った電位と，別の基準点から測った電位には定数分の違いが生まれる。また一度電位の基準点を決めたら，その後は常にその基準点から電位を測るようにする必要がある。

なお第 4 章で扱うように，電気をよく通す金属 (**導体**とよぶ) 中では電位が一定値となる。そのことから金属の導線でつながれた場所どうしは電位が等しくなる。これを用いて，物体を導線を用いて大地と接続することで，その物体の電位を大地の電位と等しくなるようにすることができ，これを **接地** (アース) という。

上に述べたことから，

> 電位 $\phi(\boldsymbol{r})$ の位置に電荷 Q を置いたときのポテンシャルエネルギーは $Q\phi(\boldsymbol{r})$ である。すなわち，電荷 Q を $\boldsymbol{r}_\mathrm{A}$ から $\boldsymbol{r}_\mathrm{B}$ まで移動させると，電場は電荷に $Q(\phi(\boldsymbol{r}_\mathrm{A}) - \phi(\boldsymbol{r}_\mathrm{B}))$ の仕事をする。

となる。なお 2 つの地点の電位の差が現れているが，このような 2 地点の電位の差のことを一般に **電圧** と呼ぶ。電圧の単位も V (ボルト) である。

電位の基準をいったん決めれば，任意の点 $\boldsymbol{r}$ における電位 $\phi(\boldsymbol{r})$ が決まる。この電位はスカラー場である。つまり空間の各点に対してあるスカラーの値 ϕ が対応している。この電位 ϕ が一定であるような点をとっていくと，空間内

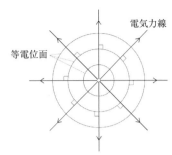

図 2.13 点電荷による等電位面と電気力線の模式図。中心に正の点電荷，また放射状に電気力線があり，電荷を中心とした球面が等電位面となる。

にある曲面 $\phi(\boldsymbol{r}) = $ 定数 が決まる。この面を**等電位面** (equipotential surface) という。

図 2.13 に，点電荷のまわりの等電位面のようすを模式的に示した。実際は点電荷のまわりの等電位面は点電荷を中心とする球であり，その等電位面の球面の断面の円を図では示している。この図から，電気力線はどこでも，等電位面に垂直になっている。なお点電荷 1 個ではなくもっと複雑な場合においても，後に示すように電気力線は常に等電位面に垂直となることが知られている。

電気力線の向き，すなわちある地点での電場は，その地点のまわりで電位が変化する際にその減少の仕方が最も大きい方向を向いている。地形図でいえば，等電位面は等高線に相当し，電場はそれぞれの地点での下り坂の向きを表していることになる。つまり電気力線に沿ってたどると，電位は単調減少していくことになる。また電場の強さは以下で説明するように，電気力線に沿った方向の単位長さあたりの電位の減少分となり，式 (2.42) から電場の単位は V/m となることがわかる。

なお以下では，電位と電場の一般的な関係について考える。

$$W_{AB} = Q(\phi(\boldsymbol{r}_\mathrm{A}) - \phi(\boldsymbol{r}_\mathrm{B})) = \int_\mathrm{A}^\mathrm{B} Q\boldsymbol{E}(\boldsymbol{r}) \cdot d\boldsymbol{s} \qquad (2.40)$$

より

$$\phi(\boldsymbol{r}_\mathrm{A}) - \phi(\boldsymbol{r}_\mathrm{B}) = \int_\mathrm{A}^\mathrm{B} \boldsymbol{E}(\boldsymbol{r}) \cdot d\boldsymbol{s} \qquad (2.41)$$

となることから，

> (**電場から電位を与える式**) 電位の基準となる点 S を決めて，その点を基準として電位を定義することにすれば，点 A での電位は
>
> $$\phi(\boldsymbol{r}_\mathrm{A}) = -\int_\mathrm{S}^\mathrm{A} \boldsymbol{E}(\boldsymbol{r}) \cdot d\boldsymbol{s} \qquad (2.42)$$
>
> という線積分で書ける。

電場 $\boldsymbol{E}$ と電位 ϕ とは式 (2.42) で結びついている。この関係をさらに掘り下げてみよう。たとえば，点 (x,y,z) と，そこから x 軸方向に微小距離 Δx だけ離れた点 $(x+\Delta x, y, z)$ での電位差は，

$$\phi(x+\Delta x, y, z) - \phi(x,y,z) = -\int_{(x,y,z)}^{(x+\Delta x, y, z)} \boldsymbol{E}(\boldsymbol{r}) \cdot d\boldsymbol{s}$$
$$= -E_x(x,y,z)\Delta x \qquad (2.43)$$

である。したがって，点 (x,y,z) での ϕ の，x に関する偏微分は

$$\frac{\partial \phi}{\partial x} \equiv \lim_{\Delta x \to 0} \frac{\phi(x+\Delta x, y, z) - \phi(x,y,z)}{\Delta x}$$
$$= -E_x(x,y,z) \qquad (2.44)$$

となる。すなわち

$$E_x = -\frac{\partial \phi}{\partial x}, \quad E_y = -\frac{\partial \phi}{\partial y}, \quad E_z = -\frac{\partial \phi}{\partial z}, \qquad (2.45)$$

となる。これをまとめて次のように表す。

> (電位より電場を与える式) 電位 ϕ が与えられたとき，電場は以下の式で与えられる。
> $$\boldsymbol{E} = -\mathrm{grad}\phi \qquad (2.46)$$

ここでスカラー場 ϕ に対して

$$\mathrm{grad}\phi = \boldsymbol{\nabla}\phi \equiv \left(\frac{\partial \phi}{\partial x}, \frac{\partial \phi}{\partial y}, \frac{\partial \phi}{\partial z}\right) \qquad (2.47)$$

というベクトル場を生成する微分演算は，勾配 (gradient) とよばれ，$\mathrm{grad}\phi$ または $\boldsymbol{\nabla}\phi$ と書き表す。$\boldsymbol{\nabla}$ はナブラと読む。勾配のもつ性質については付録に詳しくまとめてあるので，必要に応じて参照いただきたい。

このことからさらに，電気力線と等電位面とが必ず垂直に交わることがいえる。たとえば図 2.13 でそうなっていることは簡単に確かめられる。このように直交する理由は以下のとおりである。等電位面上に存在する，互いに微小距離だけ離れた 2 点 $\boldsymbol{r}=(x,y,z)$ と $\boldsymbol{r}+\Delta\boldsymbol{r}=(x+\Delta x, y+\Delta y, z+\Delta z)$ を考えると，

$$0 = \phi(\boldsymbol{r}+\Delta\boldsymbol{r}) - \phi(\boldsymbol{r}) = \frac{\partial \phi}{\partial x}\Delta x + \frac{\partial \phi}{\partial y}\Delta y + \frac{\partial \phi}{\partial z}\Delta z$$
$$= (\mathrm{grad}\phi) \cdot \Delta\boldsymbol{r} \qquad (2.48)$$

となる。$\Delta\boldsymbol{r}$ は等電位面に接する任意の向きにとれることから，式 (2.48) は，ベクトル $\mathrm{grad}\phi$ が等電位面に垂直であることを示している (図 2.14)。そのため電場 $\boldsymbol{E}=-\boldsymbol{\nabla}\phi$ も等電位面に垂直で，電気力線も等電位面に垂直となる。

特に，電場 $\boldsymbol{E}=(E_x, E_y, E_z)$ が位置 $\boldsymbol{r}$ によらず一定の場合には，電位は

$$\phi = -\boldsymbol{E}\cdot\boldsymbol{r}$$
$$= -(E_x x + E_y y + E_z z)$$

で与えられることはすぐに確かめられる。

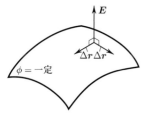

図 2.14 電気力線 (すなわち電場 $\boldsymbol{E}$ の向き) は等電位面と垂直である

[例題 2.7]
空間内の点 (x,y,z) での電位が

$$\phi(x,y,z) = \frac{C}{\sqrt{x^2+y^2}} \quad (C: 定数)$$

と与えられるとき，電場の分布を求めよ．

[解] 式 (2.46) より，

$$\begin{aligned}\boldsymbol{E} &= -\mathrm{grad}\phi = \left(-\frac{\partial\phi}{\partial x}, -\frac{\partial\phi}{\partial y}, -\frac{\partial\phi}{\partial z}\right) \\ &= \left(\frac{Cx}{(x^2+y^2)^{3/2}}, \frac{Cy}{(x^2+y^2)^{3/2}}, 0\right)\end{aligned} \quad (2.49)$$

[例題 2.8]
空間内の点 $\boldsymbol{r}=(x,y,z)$ での電場が $\boldsymbol{E}(x,y,z) = C\boldsymbol{r}$ (C: 定数) と与えられるとき，電位の分布を求めよ．

[解] 点 $\boldsymbol{r}$ での電場 $\boldsymbol{E}(x,y,z)$ は $\boldsymbol{r}$ に平行．すなわち電気力線は原点から放射状になっている．電位はある基準点から式 (2.42) を用いて積分で求める．たとえば原点 O を基準とすると，原点から点 $\boldsymbol{r}$ に至る線分上で積分を行い，

$$\phi(\boldsymbol{r}) = \int_r^0 Cr\,dr = -\frac{C}{2}r^2 \quad (2.50)$$

となる．

2.4 電気双極子モーメント

2.4.1 電気双極子モーメントの定義

同じ大きさの正電荷 $+q$ と負電荷 $-q$ とが，短い距離 l だけ離れて存在している場合，それらをまとめて**電気双極子** (electric dipole) とよぶ．このような電気双極子の作る電場を計算してみよう．たとえば，水分子などの極性分子はこうした電気双極子とみなすことができる．ここでは電気双極子から（距離 l に比べて）遠く離れた場所での電場を計算してみる．遠く離れていることを用いた近似計算をすることで結果が簡単な式になる．以下で示す詳しい計算によると，電気双極子を構成する電荷 q と，負電荷 $-q$ から正電荷 q に至るベクトル $\boldsymbol{l}$ との積である

$$\boldsymbol{p} \equiv q\boldsymbol{l} \quad (2.51)$$

というベクトル $\boldsymbol{p}$ で，そこから $\boldsymbol{r}$ だけ離れた点での電場や電位が表される．このベクトル $\boldsymbol{p}$ を**電気双極子モーメント** (electric dipole moment) という．これを用いると，電位と電場の表式は次のように書ける．

> (**電気双極子による電位と電場**) 原点にある電気双極子モーメント $\bm{p}$ が作る電位 ϕ は，電気双極子から遠く離れた点 $\bm{r}$ では
> $$\phi \simeq \frac{\bm{p}\cdot\bm{r}}{4\pi\varepsilon_0 r^3} \tag{2.52}$$
> 電場 $\bm{E}$ は，式 (2.46) より求められ
> $$\bm{E} = -\mathrm{grad}\,\phi = \frac{3(\bm{p}\cdot\bm{r})\bm{r} - r^2\bm{p}}{4\pi\varepsilon_0 r^5} \tag{2.53}$$
> となる。

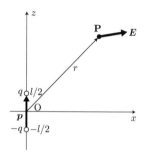

図 2.15 電気双極子による電場

$|x| \ll 1$ のとき，
$$(1+x)^s \simeq 1 + sx$$
を用いた

電気双極子の作る電位を以下で計算する。図 2.15 のように，正電荷を $(0,0,l/2)$，負電荷を $(0,0,-l/2)$ とするような座標系をとることにする。計算したいのは電場であるが，ここでは電場より先に電位を計算することにする (電場は 3 成分あるが，電位はスカラーで 1 成分だけなので，計算が楽である)。点 (x,y,z) での電位は

$$\phi = \frac{q}{4\pi\varepsilon_0}\left(\frac{1}{\sqrt{x^2+y^2+(z-l/2)^2}} - \frac{1}{\sqrt{x^2+y^2+(z+l/2)^2}}\right) \tag{2.54}$$

ここで，近似を行うことで式をさらに簡単にできる。$r \equiv \sqrt{x^2+y^2+z^2}$ は今考えている位置 $\bm{r}$ の原点からの距離であり，これは l よりも十分大きいと仮定して，微小量 l/r の 2 次以上の項を無視する。すると

$$\begin{aligned}
\frac{1}{\sqrt{x^2+y^2+(z\pm l/2)^2}} &= (r^2 \pm lz + l^2/4)^{-\frac{1}{2}} \simeq (r^2 \pm lz)^{-\frac{1}{2}} \\
&= r^{-1}\left(1 \pm \frac{lz}{r^2}\right)^{-\frac{1}{2}} \\
&\simeq r^{-1}\left(1 \mp \frac{lz}{2r^2}\right)
\end{aligned} \tag{2.55}$$

となるので，

$$\phi \simeq \frac{qzl}{4\pi\varepsilon_0 r^3} \tag{2.56}$$

となる。これを $\bm{p} = (0,0,ql)$ として，$\bm{r} = (x,y,z)$ を用いて書くと式 (2.52) となる。

[例題 2.9] **電気双極子の作る電場**
電気双極子の電位の表式 (2.52) から，電場の表式 (2.53) を導出せよ。

[解] (本文と同様に) $\bm{p} = (0,0,p)$ となる座標系を考え，$\bm{r} = (x,y,z)$ に対して $\bm{E} = -\mathrm{grad}\,\phi$ を用いて計算する。成分ごとに計算すると

$$\begin{aligned}
E_x &= -\frac{\partial \phi}{\partial x} = -\frac{\partial}{\partial x}\left(\frac{pz}{4\pi\varepsilon_0(x^2+y^2+z^2)^{3/2}}\right) \\
&= \frac{pz}{4\pi\varepsilon_0}\frac{3x}{(x^2+y^2+z^2)^{5/2}}
\end{aligned} \tag{2.57}$$

同様に
$$E_y = \frac{pz}{4\pi\varepsilon_0} \frac{3y}{(x^2+y^2+z^2)^{5/2}} \tag{2.58}$$
$$E_z = \frac{p}{4\pi\varepsilon_0} \frac{2z^2-x^2-y^2}{(x^2+y^2+z^2)^{5/2}} \tag{2.59}$$

まとめると
$$\begin{aligned}\boldsymbol{E} &= \frac{p}{4\pi\varepsilon_0}\left(\frac{3xz}{(x^2+y^2+z^2)^{5/2}}, \frac{3yz}{(x^2+y^2+z^2)^{5/2}}, \frac{3z^2-r^2}{(x^2+y^2+z^2)^{5/2}}\right)\\ &= \frac{3(\boldsymbol{p}\cdot\boldsymbol{r})\boldsymbol{r}-r^2\boldsymbol{p}}{4\pi\varepsilon_0 r^5}\end{aligned} \tag{2.60}$$

なお電気力線,等電位面を図示すると図 2.16 のようになる。

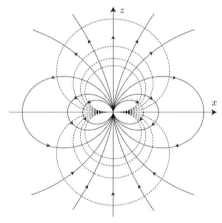

図 2.16 原点にある電気双極子モーメント $\boldsymbol{p}=(0,0,p)$ の電気双極子の作る電場。電気力線を実線で,等電位面を破線で示す。

2.4.2 電場中の電気双極子

次に,電場中に電気双極子を置いたときにはたらく電気力を考える。電場 $\boldsymbol{E}$ が一様 (場所によらず一定) であるとして,その中に電気双極子モーメント $\boldsymbol{p}$ の電気双極子を置くとする。電気双極子には等量の正電荷 q と負電荷 $-q$ があるので,それらが受ける力は $\pm q\boldsymbol{E}$ で,合力は互いに打ち消し合いゼロになる。ただし正電荷と負電荷が空間的に離れているために,それらに互いに逆向きの力がはたらくと,双極子を回転させようとする力,つまりトルク* (偶力,力のモーメント) を及ぼす。負電荷から正電荷へ至るベクトルを $\boldsymbol{l}$ と書くと,そのトルク $\boldsymbol{N}$ は

$$\boldsymbol{N} = \boldsymbol{l} \times q\boldsymbol{E} = \boldsymbol{p} \times \boldsymbol{E} \tag{2.61}$$

となる。すなわち

> (電気双極子が電場中で受けるトルク) 電場 $\boldsymbol{E}$ 中では,電気双極子モーメント $\boldsymbol{p}$ が受けるトルク $\boldsymbol{N}$ は

* トルクについては,『基礎物理学 力学』の 7.1 節を参照のこと。

$$N = p \times E \tag{2.62}$$

である。

なお式 (2.61) を示すには，電荷 $\pm q$ が位置 $r \pm l/2$ にあるとして，
$$N = (r + l/2) \times qE + (r - l/2) \times (-qE)$$
$$= l \times qE$$
となる。

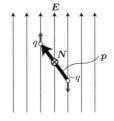

図 **2.17** 電場中の電気双極子が受けるトルク

トルクはベクトル量であり，その向きは回転軸及び回転させる向きを表していて，N で表される向きが回転軸であり，回る向きはちょうど，N の向きに右ねじを進行させていくために右ねじを回転させる向きを表す。図示すると図 2.17 に示すようになり，電気双極子を回転させるようなトルク N を受ける。

また電気双極子が電場中にあるとエネルギーをもつ。そのエネルギーを与える式は以下のようになる。

(電気双極子が電場中でもつエネルギー) 電気双極子モーメント p をもつ電気双極子が，電場 E の中でもつエネルギー U は以下の式で与えられる。
$$U = -p \cdot E \tag{2.63}$$

すなわち，電気双極子が自由に回ることができるとすると，電気双極子が電場と同じ向きの場合が最もエネルギーが低いことになる。

この式を示すには，式 (2.51) に戻って考える。電荷 $\pm q$ が位置 $r \pm l/2$ にあるとみなして，それ 2 つの電荷の位置エネルギーの和は
$$U = q\phi(r + l/2) + (-q)\phi(r - l/2)$$
$$= q\{\phi(r + l/2) - \phi(r - l/2)\}$$
$$\simeq q \sum_i l_i \frac{\partial \phi}{\partial r_i} = \sum_i p_i \frac{\partial \phi}{\partial r_i}$$
$$= p \cdot \mathrm{grad}\phi = -p \cdot E \tag{2.64}$$

次に，電場 $E(r)$ が一様でない (空間的に変化している) 場合を考えると，正電荷と負電荷の位置がずれているため，それらの位置の電場が一般に異なり，電場から 2 つの電荷が受ける力が打ち消し合わない。すると合力 F は
$$F = qE(r + l/2) + (-q)E(r - l/2)$$
$$= q\{E(r + l/2) - E(r - l/2)\}$$
$$\simeq q \sum_i l_i \frac{\partial E}{\partial r_i} = \sum_i p_i \frac{\partial E}{\partial r_i} = (p \cdot \nabla)E \tag{2.65}$$

となる。すなわち電場中では電気双極子は，
$$F = (p \cdot \nabla)E \tag{2.66}$$
の力を受ける。前に述べたように，特に電場が一様 (位置によらず一定) であると，電気双極子が受ける力はゼロとなる。

[例題 2.10] 電気双極子間の相互作用

原点と点 P$(0,0,d)$ にともに大きさ p の電気双極子があり，それぞれの電気双極子モーメントを $\bm{p}_1$, $\bm{p}_2$ とおく．これらの双極子はともにさまざまな方向を自由に向けるとする．

(1) 原点の電気双極子モーメント $\bm{p}_1$ が $+z$ 軸向きのとき，点 P の電気双極子モーメント $\bm{p}_2$ がどちらに向くときが最もエネルギーが低くなるか．またそのときのエネルギーを求めよ．

(2) 原点の電気双極子モーメント $\bm{p}_1$ が $+x$ 軸向きのとき，点 P の電気双極子モーメント $\bm{p}_2$ がどちらに向くときが最もエネルギーが低くなるか．またそのときのエネルギーを求めよ．

[解] 原点にある電気双極子 $\bm{p}_1$ が位置 $\bm{r}$ に作る電場は (2.53) より，

$$\bm{E} = -\mathrm{grad}\phi = \frac{3(\bm{p}_1 \cdot \bm{r})\bm{r} - r^2\bm{p}_1}{4\pi\varepsilon_0 r^5} \tag{2.67}$$

となる．位置 $\bm{r}$ に電気双極子 $\bm{p}_2$ があるときには，それのもつエネルギーは (2.63) より，

$$U = -\bm{E} \cdot \bm{p}_2 = -\frac{3(\bm{p}_1 \cdot \bm{r})(\bm{p}_2 \cdot \bm{r}) - r^2 \bm{p}_1 \cdot \bm{p}_2}{4\pi\varepsilon_0 r^5} \tag{2.68}$$

である．ここで $\bm{r} = (0,0,d)$ である．

(1) $\bm{p}_1 = (0,0,p)$, $\bm{p}_2 = (p_x, p_y, p_z)$ とすると，

$$U = -\frac{pp_z}{2\pi\varepsilon_0 d^3} \tag{2.69}$$

なので，$|\bm{p}_2| = p$ が一定の条件の下でエネルギーを最小にするには $\bm{p}_2 = (0,0,p)$ のように $+z$ 軸向きとすればよく，そのときのエネルギーは

$$U = -\frac{p^2}{2\pi\varepsilon_0 d^3}$$

となる．

(2) $\bm{p}_1 = (p,0,0)$, $\bm{p}_2 = (p_x, p_y, p_z)$ とすると，

$$U = \frac{pp_x}{4\pi\varepsilon_0 d^3} \tag{2.70}$$

なので，$|\bm{p}_2| = p$ が一定の条件の下でエネルギーを最小にするには $\bm{p}_2 = (-p,0,0)$ のように $-x$ 軸向きとすればよく，そのときのエネルギーは

$$U = -\frac{p^2}{4\pi\varepsilon_0 d^3}$$

なお，(1)(2) のそれぞれでエネルギーが最低となる配置を模式的に図示したのが，図 2.18 である．正電荷どうし，負電荷どうしが反発し，正電荷と負電荷とが引きつけ合うことを考慮すれば，この図の配置が最も安定であることが納得されよう．

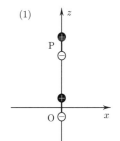
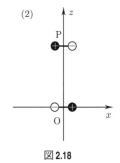

図 **2.18**

2章のまとめ

- クーロンの法則：点電荷の間にはクーロン力とよばれる力がはたらく。同符号の電荷間には斥力，異符号の電荷間には引力がはたらく。その力の強さはそれぞれの点電荷の電荷量に比例し，電荷間の距離の 2 乗に反比例する。
- 電荷はその周辺に**電場**を作る。電場中に他の電荷を置くと，その電荷は電場に沿った方向に力を受ける。これは，クーロン力を別の見方で見直したものである。
- 電場は**電気力線**を用いて視覚化できる。電気力線の密度は電場の強さを，電気力線の向きは電場の向きを表している。
- 電荷は電場から力を受け，そのため電場中で位置エネルギーを定義できる。それは電荷と**電位**の積として表すことができる。電場を空間内で，電位の基準点から積分することで電位が計算できる。また電位の勾配 (grad) を計算することで電場が得られる。
- 正電荷 q と負電荷 $-q$ とが短距離で近接しているものを電気双極子という。負電荷から正電荷に至るベクトルに，電荷量 q をかけたものが**電気双極子モーメント**とよばれる。電気双極子のまわりの電場は，電気双極子モーメントを用いて表される。
- 電気双極子は電場中でトルクを受ける。また電場中では電気双極子の向きに応じたエネルギーをもち，電気双極子が電場と同じ向きの場合が最もエネルギーが小さい。

問題

2.1 xy 面内に，原点 O を中心とする半径 R の円があり，円周上に線密度 λ で一様に電荷が分布している。このとき z 軸上の点 $(0, 0, a)$ $(a > 0)$ での電場を求めよ。

2.2 無限に広い平面に，電荷が単位面積あたり電荷密度 σ で一様に分布している。平面から距離 a だけ離れた点 P での電場を求めよ。図 2.19 のように，この平面を xy 平面として，極座標表示で考えよ。

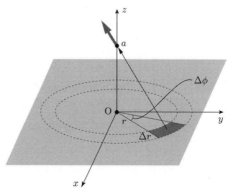

図 2.19　平面上に分布した電荷のつくる電場

2.3 電場が空間内の点 $\boldsymbol{r} = (x, y, z)$ で
$$\boldsymbol{E} = C\left(\frac{x}{\sqrt{x^2+y^2+z^2}}, \ \frac{y}{\sqrt{x^2+y^2+z^2}}, \ \frac{z}{\sqrt{x^2+y^2+z^2}}\right)$$
と与えられるとする。C は定数である。
(1) 電位の分布を求めよ。
(2) 原点 O から点 (X, Y, Z) へと，電荷 Q の点電荷が移動するとき，電場がした仕事を求めよ。

2.4 原点に電気双極子モーメント $\boldsymbol{p}_1 = (p, 0, 0)$ をもつ電気双極子，点 P$(0, 0, d)$ に電気双極子モーメント $\boldsymbol{p}_2 = (0, 0, p)$ をもつ電気双極子がある。点 P にある電気双極子が受けるトルクを求めよ。

2.5 原点と点 P$(0, 0, d)$ $(d > 0)$ に，ともに電気双極子モーメント $\boldsymbol{p} = (0, 0, p)$ をもつ電気双極子がある。点 P にある電気双極子が受ける力を求めたい。以下の 2 つの方法で求めてそれらを比較せよ。
(1) 原点にある電気双極子が作る電場分布を求め，点 P に別の双極子を置いたときにその電場から受ける力を求める。
(2) これら 2 つの電気双極子がともに，電荷 $\pm q$ をもつ点電荷が短い距離 l 離れて存在していると考えることで，点電荷間のクーロン力の式から点 P にある電気双極子 (すなわち点 P 近傍にある 2 つの点電荷) にはたらく力の合力を求めよ。ただし，$p = ql$ とし l は小さいと近似する。

高強度レーザーによる原子の電離現象

原子は原子核と電子からなるが，原子の中でも，一対の原子核（陽子）と電子からなる一番簡単な構造をもつ水素原子を考えてみよう．原子は電気的に中性で，電子の電荷は $-e$，原子核の電荷は $+e$ である．このとき，原子核と電子の間にはクーロン力に基づく引力がはたらき，電子は原子核に束縛された状態で安定に存在する．基底状態（エネルギー的に最も安定した状態）にある水素原子の大きさはボーア半径 (Bohr radius) a_0 で近似され，その値は

$$a_0 \simeq 0.053\,\text{nm}$$

であることが知られている．これより，無限遠を基準として，原点 O にある原子核が電子のある位置に作る電位 ϕ は

$$\phi = \frac{1}{4\pi\varepsilon_0}\frac{e}{a_0} \simeq 27.21\,\text{V} \quad (1)$$

で与えられ，またクーロン電場の大きさ E_C は

$$E_\text{C} = \frac{1}{4\pi\varepsilon_0}\frac{e}{a_0{}^2} \simeq 5.14 \times 10^{11}\,\text{V/m} \quad (2)$$

となる．さらに，原子核と電子の間にはたらくクーロン力の大きさ F_C は

$$F_\text{C} = \frac{1}{4\pi\varepsilon_0}\frac{e^2}{a_0{}^2} \simeq 8.24 \times 10^{-8}\,\text{N} \quad (3)$$

である．

さて，このクーロン力によって原子核に束縛されている電子をそこから解き放つ（電離）ためには，たとえば E_C より大きな電場を外部から印加してやればよいであろう（図 2.20 参照）．ところが式(2) からわかるように，E_C の値は非常に大きなもの (5000 億 V/m 以上 !!) であり，このような巨大電場を生成することには技術的困難を伴うと想像するのはごく自然であろう．

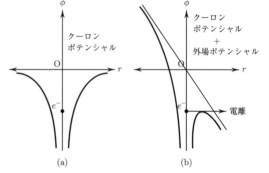

図 2.20 原子のクーロンポテンシャル．(a) 外部電場なし，(b) 外部電場あり

しかしながら，近年の科学技術の目覚ましい発展の成果の一つとして，我々が扱うことのできるレーザー装置の出力は飛躍的に増大しつつあるという事実がある．その結果，E_C 程度の大きさの電場は容易に実験室で生成できるようになった．もちろん，レーザー電場は 7 章の図 7.11 で示すように極めて高い周波数 ($10^{14} \sim 10^{15}$ Hz) で振動する電場であり，ここでいう電場の大きさは振動電場の振幅に相当する．そもそも原子・分子や物質にレーザーなど光 (電磁波) を照射した場合，適当な条件の下ではそれら物質は電離する．従来の光電離現象では何回も周期的振動する電場が重要な役割を果たすことが知られていたが，上述の光電離現象の場合，原理的には電場の振動が 1/4 周期 (10^{-15} 秒以下 !!) 程度で終わってしまっても電離現象は誘起されると考えられ，この点で，従来のものとは大きく異なるものであるといえよう．レーザー出力の巨大化 (およびレーザーパルスの高速 (短縮) 化) によって初めてもたらされた新しい現象の一つである．

3
電場とガウスの法則

前章では，電荷の間のクーロン力を記述するクーロンの法則から始めて，電荷が電場を作ることを解説した．この章では，電場と電荷の関係について別の角度から考える．つまり電場と電荷の間には，ガウスの法則という法則が成り立つことを示す．なお電荷がどのような電場を作るかは，本質的には前章の結果を使えば計算できるが，一方で本章でのガウスの法則を用いることで，対称性のよい場合には電荷の作る電場分布をより簡便に計算できるようになる．さらにガウスの法則は，電磁気学の基本方程式であるマクスウェル方程式の1つとなり，さまざまな電磁気現象の記述の基本となる．

3.1 ガウスの法則
3.1.1 ガウスの法則の直観的説明
前節で扱った電気力線の分布について，ここでは視点を変えて考えてみよう．たとえば正電荷のまわりの電気力線の分布を見ると，以下で示すように正電荷からわき出しているが，それ以外の箇所では電気力線は途切れたりすることなく一本の線でつながっている．負電荷では逆に電気力線が吸い込まれているが，やはり負電荷のところ以外で電気力線がとぎれることはない．この性質は，電荷の分布がもっと複雑になっても同様であることがわかっている．整理すると

(a) 電気力線は正電荷から出発して，負電荷へと吸い込まれる．電荷のないところで電気力線がわき出したり吸い込まれたりすることはない．

(b) 電荷からわき出す電気力線の本数はその電荷の量に比例する (特に正電荷からはわき出し，負電荷へと吸い込まれることは前項のとおり)．

という性質があることがいえることになる．これは，この章で扱う電場のガウスの法則 (Gauss' law) を直感的に言い表したものである．点電荷の場合にはこのことが成り立っている．特に (b) についてこれを見ておこう．電荷 Q の点電荷が原点にあるとき，そのまわりでは電場は放射状になっており，そこから距離 r だけ離れた点での電場の強さは

$$E(r) = \frac{Q}{4\pi\varepsilon_0 r^2} \tag{3.1}$$

であるので，電気力線の面密度も $1/r^2$ に比例する．一方，原点中心の半径 r の球の表面積は $4\pi r^2$ である．すると原点中心の半径 r の球面上を考え，半径を増加させていくと，表面積が r^2 に比例する一方で電気力線の面密度が $1/r^2$ に比例して減少するので，球面を貫く電気力線の本数は r によらない (図3.1)．つまり電気力線は，点電荷の位置以外でわき出したり吸い込まれたりすることはないことになる．

この (b) の性質から派生して，次の (c) がいえる．

(c) 任意の閉曲面 S を考えると，その閉曲面を内から外向きに貫く電気力線の本数は，その閉曲面で囲まれる領域内の電荷量に比例する．

電気力線は，電荷がないところではわき出したり吸い込まれたりすることはないことから，このことが納得できる．

電場や電気力線は目に見えないので，以上の説明に関して，なかなか直観的なイメージを抱きにくいかもしれない．しかし，たとえば水などの流体の流れのような描像を描くと直観的理解の助けになり得る．正電荷は流体のわき出し点，負電荷は流体の吸い込み点になっていて，そのわき出し，吸い込みの分量が電荷量に対応する．

図 3.1 点電荷のまわりの電気力線

3.1.2 ガウスの法則の数学的説明

以上のことを電場の計算などに応用するために，これらの事実を数式で表現する．そのためにはベクトル場の面積分という概念が必要になり，その基本的な性質は付録 A.1.2 にまとめてある．ここでは，この節で用いる面積分の基礎的な性質についてのみ説明する．上の (c) を数式で表現するために，電場 $\boldsymbol{E}$ の面 S 上での面積分

$$\int_S \boldsymbol{E}\cdot\boldsymbol{n}\,dS \tag{3.2}$$

を導入する．この式の意味を以下で説明しよう．曲面 S を微小な曲面の領域に細かく分割したとして，その一つの領域を考える (図3.2)．この微小領域の面積を ΔS，この領域での曲面の単位法線ベクトルを $\boldsymbol{n}$ とする．またこの微小領域での電場を $\boldsymbol{E}$ とする (微小領域を考えているので，$\boldsymbol{n}, \boldsymbol{E}$ は領域内で一定と考えてよい)．そして

$$\boldsymbol{E}\cdot\boldsymbol{n}\,\Delta S \tag{3.3}$$

という量を考え，これを曲面 S の全体にわたって合計し，さらに微小領域への分割を無限に小さくする極限が，面積分 (3.2) となる．なお $\boldsymbol{E}\cdot\boldsymbol{n}$ は，電場の法線方向の成分 E_n である．

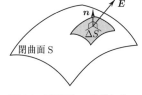

図 3.2 面積分の定義における微小領域

電気力線の面密度が電場に比例することを考えると，この面積分 (3.2) が，曲面 S を貫く電気力線の本数を表していることが直感的に理解される．たとえば曲面 S 上のある点で電場がゼロでなくても，その電場が面に沿った方向であ

れば $E_n = 0$ なので，積分には寄与をもたらさない。これは電気力線の言葉でいえば，電気力線が曲面に沿った方向なので面を貫いていないと了解される。

すると，この面積分と，面 S で囲まれる内側の電荷には次に示す法則が成り立つ。

> (電場のガウスの法則) 任意の閉曲面 S について，その上での電場の面積分に ε_0 をかけたものは，その閉曲面で囲まれる領域内にある電荷量の総和 Q に等しい。
> $$\varepsilon_0 \int_S \boldsymbol{E} \cdot \boldsymbol{n}\, dS = Q \tag{3.4}$$

ここで，点電荷の場合にこれが成立することをみておく。これを確かめるために，原点にある点電荷 Q を考え，原点を中心とする半径 R の球面をこの閉曲面 S とおいて，面積分 (3.2) を計算してみよう。単位法線ベクトル $\boldsymbol{n}$ は，球面の内から外への向きとする。すると

$$\int_S \boldsymbol{E} \cdot \boldsymbol{n}\, dS = \int_S \frac{Q}{4\pi\varepsilon_0 r^3} \boldsymbol{r} \cdot \boldsymbol{n}\, dS$$
$$= \int_S \frac{Q}{4\pi\varepsilon_0 R^3} \cdot R\, dS = \frac{Q}{4\pi\varepsilon_0 R^2} \int_S dS \tag{3.5}$$

曲面上では $r = R$, $\boldsymbol{r} /\!/ \boldsymbol{n}$ および $\boldsymbol{r} \cdot \boldsymbol{n} = R$ となることを用いた。最後の式での積分 $\int_S dS$ は，曲面 S を微小領域に分割し，それらの面積 ΔS を全て合計したものの極限値であるから，これは曲面 S の表面積に他ならない。今の場合は，この値は $4\pi R^2$ となる。つまり

$$\varepsilon_0 \int_S \boldsymbol{E} \cdot \boldsymbol{n}\, dS = Q \tag{3.6}$$

がいえる。特にこの値が球の半径 R によらないことに注意しよう。このように，点電荷 Q を囲む球面で式 (3.6) の左辺の面積分を計算すると，電荷量 Q に等しくなる。これは球面でなくても，点電荷を囲むような一般の閉曲面で成り立つ。さらに任意の電荷分布についても，点電荷の重ね合わせとして表せば，それぞれの点電荷については上のガウスの法則が成り立つので，それらを重ね合わせた一般の電荷分布についても，上のガウスの法則が成り立つことがいえる。

このガウスの法則から，電荷 Q は，$Q > 0$ のとき電場のわき出し，$Q < 0$ のとき電場の吸い込みとなっている。ガウスの法則により，そのわき出し量，吸い込み量は電荷量で決まっている。そのため図 3.3 のように，閉じた曲面の上で，曲面で囲まれた内側から外側へと出て行く電場の積算 (すなわち面積分) を計算すると，それは曲面内に電場のわき出しや吸い込みが正味どれだけあるか，ということで決まるということである。特に図 3.4 のように，曲面で囲まれた内側の電荷量の総和がゼロであるときには，曲面内での正味の電場のわき出し量はゼロなので，曲面を内側から外側へと貫く電場の面積分はゼロになる。このように今考えている面積分に関係するのは，電場そのものではなく電

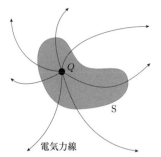
図3.3 点電荷がSで囲まれた領域内にあるときのガウスの法則

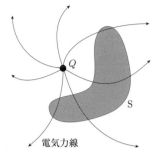
図3.4 点電荷がSで囲まれた領域外にあるときのガウスの法則

場の法線成分のみである。

なお，このガウスの法則における閉曲面Sは任意にとってよい，仮想的なものであることを注意しておく。たとえばガウスの法則を用いて電場分布を計算する際には，考えやすいように閉曲面を自分で設定して考えることになる。

ガウスの法則を実際に使おうとするとき，式 (3.4) の面積分の計算がわかりにくいかもしれないので，二点付け加えておこう。一点目として，たとえばある面 S' 上で $E_n = \boldsymbol{E}\cdot\boldsymbol{n}$ が一定値であるという特別な場合は，面積分の計算は簡単であり，

$$\int_{S'} E_n dS = E_n \int_{S'} dS = E_n \times (曲面 S' の面積) \tag{3.7}$$

となる。$\int_{S'} dS$ のところは，曲面 S' を微小領域に分割し，その微小面積の総和をとるということなので，S' の面積に他ならない。実際このような計算の例はこの章で数多く現れる。二点目として，この面積分での被積分関数は，電場 $\boldsymbol{E}$ の外向き法線成分 $E_n = \boldsymbol{E}\cdot\boldsymbol{n}$ なので，電場が面に沿っているとゼロであることと，電場が閉曲面Sの外から内への向きだとマイナスになる，ということである。

ここで再び，流体のイメージを思い出すと理解しやすい (図3.3, 図3.4)。電荷が流体のわきだしや吸い込みに対応し，それ以外では流体はわき出したり吸い込まれたりしないと考えている。すると，ある閉曲面Sを仮想的に考えたときに，その閉曲面を内側から外側に貫いて流れ出す流体の量は，(流体の流れの分布や閉曲面の形がどうであろうと) その閉曲面で囲まれた内部に，流体のわき出しや吸い込みが合計でどのくらいあるかということで決まる，ということを表している。このイメージでいえば，たとえば流体が閉曲面に沿って流れていても，それは面積分に寄与しない，ということが納得されよう。

3.2 ガウスの法則のいくつかの応用

ある電荷分布が与えられたときに，その電荷分布がもたらす電場の分布を計算することを考える。任意の電荷分布が作る電場の式 (2.23) はどのような場合

にも用いることができるが，場合によっては複雑な積分計算をする必要がある。一方で，ここで導入された電場のガウスの法則を用いることで，より簡単に電場分布を計算できる場合があり，それを以下に述べる。

電場のガウスの法則の左辺に登場するのは，電場の面積分である。計算で知りたいのは空間の各点での電場の分布である。面積分の値から空間の各点での電場分布を簡便に計算できるためには，以下で見るようになんらかの仮定が必要であり，そのためには系全体が高い対称性をもつ必要がある。そのように系のもつ高い対称性を利用することで，電場のガウスの法則により電場分布が簡単に計算できるような例を以下に紹介する。

3.2.1 球対称な電荷分布

原点を中心に電荷が一様かつ球対称に分布しているとする。球対称であるとは，ある点を固定したままで系をどのように回転しても，電荷の分布が変わらないということである。

球対称な電荷分布の一例として，原点を中心とする半径 a の球を考え，その球の内部に一様な電荷密度 ρ (単位体積あたり) で電荷が分布している場合を考えよう。ある点 r に作る電場を直接計算しようとすると，式 (2.23) を用いて球体を微小部分に分けて，その部分の電荷を点電荷とみて点 r に作る電場を計算し，それを積分する必要がある。その計算はかなり複雑になる。

しかしこの場合は，電荷分布が球対称であることを利用することで，ずっと簡単な方法で電場分布を求められる。すなわち，電荷が球対称になっていると，電場分布も球対称になっていると考えられる。球の中心を原点にとる。電荷からは電気力線がわき出しており，そのため電場の分布としては，空間の各点 r で，球の中心 (原点) から放射状 (r に平行) であり，かつその強さは原点からの距離 r のみに依存するはずである。その強さ $E(r)$ を求めよう。

ガウスの法則では，閉曲面 S を設定する必要がある。任意の閉曲面 S に対してガウスの法則は常に成り立つが，今の場合は電場を計算するのに便利なように選ぶ必要がある。そこで，原点中心で半径 r の球面を S とする。ガウスの法則の左辺は

$$\varepsilon_0 \int_S E_n(\mathbf{r})\,dS = \varepsilon_0 E(r) \int_S dS = \varepsilon_0 E(r) \cdot 4\pi r^2 \tag{3.8}$$

である。$\int_S dS$ が面 S の表面積であることと，今の場合，電場 $\mathbf{E}$ が球面 S の法線ベクトル $\mathbf{n}$ と平行であることを用いた。ガウスの法則の右辺は，球面 S 内の領域にある電荷の総量であり，r と a の大小関係で場合分けすると

(a) $a \leq r$ のとき：球内の電荷量は $\frac{4}{3}\pi a^3 \rho$ なので

$$\varepsilon_0 E(r) \cdot 4\pi r^2 = \frac{4}{3}\pi a^3 \rho \;\Rightarrow\; E(r) = \frac{a^3}{3\varepsilon_0 r^2}\rho \tag{3.9}$$

(b) $r \leq a$ のとき：球内の電荷量は $\frac{4}{3}\pi r^3 \rho$ なので

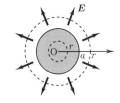

図 3.5 球対称な電荷分布による，球対称な電場。図の閉曲面 S (点線で表した球面) についてガウスの法則を適用する

$$\varepsilon_0 E(r) \cdot 4\pi r^2 = \frac{4}{3}\pi r^3 \rho \ \Rightarrow\ E(r) = \frac{r}{3\varepsilon_0}\rho \tag{3.10}$$

となる。

さらに，無限遠を基準とする電位を計算しよう。球の表面 $r=a$ を境に場合分けするが，無限遠を基準とするので，無限遠から積分をしていくこととなり，球の外側を先に計算する。

(a) $a \leq r$ のとき：
$$\phi(r) = \int_r^\infty E(r)dr = \frac{a^3}{3\varepsilon_0 r}\rho \tag{3.11}$$

(b) $r < a$ のとき：(a) から $\phi(a)$ の値がわかるので，そこからさらに r まで積分する。
$$\phi(r) = \phi(a) + \int_r^a E(r)dr = \frac{3a^2 - r^2}{6\varepsilon_0}\rho \tag{3.12}$$

これをグラフに表すと図 3.6 のようになる。

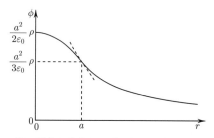

図3.6 一様に電荷が分布した球の周辺での電位の空間分布

[例題 3.1] 球面上に分布する電荷の作る電場

半径 a の球面上に面密度 σ で一様に電荷が分布している。このとき電場の分布を求めよ。

[解] 球の中心を原点 O とする。電荷分布が球対称なので，電場の分布も球対称であり，しかも原点から放射外向きとなっている。原点から距離 r の点での電場の強さを $E(r)$ と書くと，ここでも面積分は式 (3.8) で与えられる。球内の電荷量を計算すると

(a) $a \leq r$ のとき：球内の電荷量は $4\pi a^2 \sigma$ なので
$$\varepsilon_0 E(r) \cdot 4\pi r^2 = 4\pi a^2 \sigma \ \Rightarrow\ E(r) = \frac{a^2}{\varepsilon_0 r^2}\sigma \tag{3.13}$$

(b) $r < a$ のとき：球内の電荷量は 0 なので
$$\varepsilon_0 E(r) \cdot 4\pi r^2 = 0 \ \Rightarrow\ E(r) = 0 \tag{3.14}$$

この場合は球内の電場はゼロである。なお無限遠を基準とする電位を求めると，

(a) $a \leq r$ のとき：
$$\phi(r) = \int_r^\infty E(r)dr = \frac{a^2}{\varepsilon_0 r}\sigma \tag{3.15}$$

(b) $r < a$ のとき：
$$\phi(r) = \phi(a) + \int_r^a E(r) dr$$
$$= \phi(a) + 0 = \frac{\sigma a}{\varepsilon_0} \tag{3.16}$$

となる。電位の分布は図 3.7 となる。

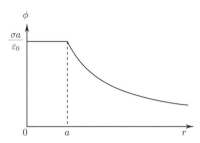

図 3.7 球表面に一様に電荷が分布した場合の電位の空間分布

[例題 3.2] 導体球殻上に分布する電荷による電場

中心を共有する，半径 R_1, R_2 $(R_1 < R_2)$ の 2 つの導体球殻があり，厚さは無視できる。2 枚の球殻どうしを導線でつなぐ。2 枚の球殻上の電荷はともにゼロとしておく。ここで球の中心に点電荷 Q を置くと電荷が 2 つの球殻の間で移動し始める (図 3.8)。電荷が移動し終わったとき (平衡状態) のようすについて次の問いに答えよ*。

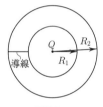

図 3.8

(1) 内側および外側の球殻それぞれに誘起される電荷を求めよ。
(2) 中心から距離 r の点での電場の強さ $E(r)$ を求めよ。
(3) 中心から距離 r の点での電位 $\phi(r)$ を求めよ。

* ここで扱う現象は，4章で詳しく説明する静電誘導と本質的に同じである。2 つの球殻が導線でつながっていると電荷が自由に移動できるようになる。そのためたとえば中心に正電荷 $+Q$ をおくと負電荷が内側球殻に引きつけられ，残った正電荷が外側球殻にたまる。

[解] (1) 内側の球殻に誘起された電荷の総量を q とおくと，外側には $-q$ の電荷が誘起される。2 枚の球殻にはさまれた領域での電場は球対称で，ガウスの法則より $Q+q$ に比例し，したがって球殻どうしの電位差も $Q+q$ に比例する。一方でこの 2 つの球殻は導線でつながれているので，もしこの 2 つの球殻の間の電位差がゼロでないと球殻間に電荷移動が始まってしまう。したがって電荷の移動が止まった時点では 2 つの球殻の電位差がゼロ。そのため $q = -Q$ であり，内側の球殻には $-Q$，外側の球殻には Q の電荷が生じる。

(2) 中心を共有する半径 r の球を閉曲面 S としてガウスの法則を適用する。まず $r \leq R_1$ (内側の球殻より内側) のとき，
$$\varepsilon_0 \cdot 4\pi r^2 E(r) = Q \Rightarrow E(r) = \frac{Q}{4\pi\varepsilon_0 r^2} \tag{3.17}$$

$R_1 < r \leq R_2$ (2 球殻の間) のとき，
$$\varepsilon_0 \cdot 4\pi r^2 E(r) = 0 \Rightarrow E(r) = 0 \tag{3.18}$$

$R_2 < r$ (外側球殻の外側) のとき，
$$\varepsilon_0 \cdot 4\pi r^2 E(r) = Q \Rightarrow E(r) = \frac{Q}{4\pi\varepsilon_0 r^2} \tag{3.19}$$

(3) 無限遠を基準として，電位を決定する。$R_2 < r$ (外側球殻の外側) のとき，
$$\phi(r) = \int_r^\infty E(r)dr = \frac{Q}{4\pi\varepsilon_0 r} \tag{3.20}$$
$R_1 < r \leq R_2$ (2 球殻の間) のとき，
$$\phi(r) = \phi(R_2) + \int_r^{R_2} E(r)dr = \frac{Q}{4\pi\varepsilon_0 R_2} \tag{3.21}$$
$r \leq R_1$ (内側の球殻より内側) のとき，
$$\phi(r) = \phi(R_1) + \int_r^{R_1} E(r)dr = \frac{Q}{4\pi\varepsilon_0}\left(\frac{1}{r} - \frac{1}{R_1} + \frac{1}{R_2}\right) \tag{3.22}$$
となり，電位の空間分布は図 3.9 のようになる。

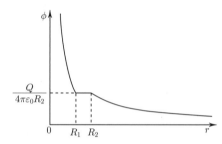

図 3.9　例題 3.2 での電位の空間分布

[例題 3.3] 導体球殻上に分布する電荷と電位
中心 O を共有する，半径 R_1，R_2 ($R_1 < R_2$) の 2 つの導体球殻があり，厚さは無視できる。外側の球殻 (半径 R_2) を接地し，内側の球殻 (半径 R_1) の電位を V とするように電池をつなぐ (図 3.10)。外側および内側の球殻に蓄積している電荷の量を求めよ。

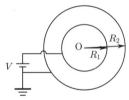

図 3.10　導体球殻上に分布する電荷による電場

[解]　球殻の間には電位差 (電圧) V があるので，球殻の間には電場が生じていなければならず，そのためには内側の球殻に電荷がある必要がある。この電荷は電圧 V を加えることで誘起される。そこで内側および外側の球殻に誘起された全電荷をそれぞれ q_1，q_2 とおいて，ガウスの法則を用いてこれらを求める。この電荷は球対称に分布し，結果として現れる電場も球対称に中心から放射状に分布する。中心から距離 r の点での電場の強さを $E(r)$ とする。まず，球殻にはさまれた領域にある，中心 O，半径 r の球面 ($R_1 < r < R_2$) を考えて，これについてガウスの法則を適用する。
$$\varepsilon_0 \cdot 4\pi r^2 E(r) = q_1 \;\rightarrow\; E(r) = \frac{q_1}{4\pi\varepsilon_0 r^2} \tag{3.23}$$
また 2 球殻の外側で，中心を O とする半径 r の球面 ($R_2 < r$) を考えて，これについてガウスの法則を適用する。
$$\varepsilon_0 \cdot 4\pi r^2 E(r) = q_1 + q_2 \;\rightarrow\; E(r) = \frac{q_1 + q_2}{4\pi\varepsilon_0 r^2} \tag{3.24}$$
ここで電位の条件を入れて，q_1，q_2 を求める。まず外側の球殻の電位はゼ

ロで，無限遠と同じなので，外側球殻の外側では電場がゼロである。つまり $q_2 = -q_1$ である。次に外側球殻を基準とした，内側球殻の電位は V なので，

$$V = \int_{R_1}^{R_2} E(r)dr = \frac{q_1}{4\pi\varepsilon_0}\left(\frac{1}{R_1} - \frac{1}{R_2}\right) \tag{3.25}$$

したがって，

$$q_1 = \frac{4\pi\varepsilon_0 R_1 R_2 V}{R_2 - R_1}, \quad q_2 = -\frac{4\pi\varepsilon_0 R_1 R_2 V}{R_2 - R_1} \tag{3.26}$$

となる。

3.2.2 軸対称な電荷分布

ここで軸対称であるとは，ある軸のまわりに電荷分布を回転することによっても，電荷の分布が変わらないということである。軸対称な電荷分布の一例として，z 軸上に線密度 λ で電荷が分布している場合を考えよう。電荷が軸対称になっていると，電場分布も軸対称になっていると考えられる。たとえば $\lambda > 0$ とすると，電荷からは電気力線がわき出しており，そのため軸対称な電場の分布としては，空間の各点 $\boldsymbol{r} = (x, y, z)$ で，xy 面に平行な方向に沿って，軸から放射状になっている，つまりベクトル $(x, y, 0)$ に平行であり，かつその強さは z 軸からの距離 $l \equiv \sqrt{x^2 + y^2}$ のみに依存するはずである。$\lambda > 0$ なら z 軸から放射外向き，$\lambda < 0$ なら z 軸への放射内向きとなる。その強さ $E(l)$ を求めよう。

ガウスの法則での閉曲面 S として，z 軸を中心軸とする，高さ b，底面の円の半径 l の円筒面を考える (図 3.11)。円筒の高さ b は任意に選んだ定数である。ガウスの法則の左辺は円筒表面全体にわたる面積分である。電場分布は軸から放射状であるので，円筒の 2 枚の底面上では電場と面が平行であり，面積分はゼロ。また，円筒側面 S″ では電場は面に垂直であるので，

$$\varepsilon_0 \int_{S''} E_n(\boldsymbol{r})dS = \varepsilon_0 E(l) \int_{S''} dS = \varepsilon_0 E(l) \cdot 2\pi l b \tag{3.27}$$

である。一方，ガウスの法則の右辺は円筒内の領域にある電荷の総量 λb であるので，

$$\varepsilon_0 E(l) \cdot 2\pi l b = \lambda b \Rightarrow E(l) = \frac{\lambda}{2\pi\varepsilon_0 l} \tag{3.28}$$

となる。これは例題 2.6 の結果と一致していて，例題 2.6 の結果をガウスの法則により，簡便に求められたことになる。

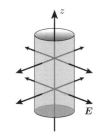

図 3.11 軸対称な電荷分布による，軸対称な電場分布。図の円筒に関してガウスの法則を適用する。

[例題 3.4] 円柱内に分布する電荷が作る電場

無限に長い円柱 T の内部に，ρ の電荷密度で一様に電荷が分布している。円柱の底面の半径は a とする。このとき電場と電位の分布を求めよ。

[解] 電荷分布は軸対称なので，電場分布も軸対称であり，円柱から放射状

外向きで，その強さは円柱の中心軸からの距離 r のみによると考えられる（図 3.11 と同様）。軸からの距離 r の点での電場の強さを $E(r)$ とする。$E(r)$ を求めるためにガウスの法則を用いるが，その際に用いる閉曲面 S は，円柱 T と軸を共有する円筒で，円筒の底面の半径を r とすればよい。またこの円筒の高さを b とする。ガウスの法則の左辺の面積分は $\varepsilon_0 E(r) \cdot 2\pi rb$ である。またこの円筒内の電荷量は，r と a との大小関係により表式が異なる。

(a) $r \leq a$ のとき：円筒内の電荷量は $\pi r^2 b\rho$ なので
$$\varepsilon_0 E(r) \cdot 2\pi rb = \pi r^2 b\rho \Rightarrow E(r) = \frac{r}{2\varepsilon_0}\rho \tag{3.29}$$

(b) $a < r$ のとき：円筒内の電荷量は $\pi a^2 b\rho$ なので
$$\varepsilon_0 E(r) \cdot 2\pi rb = \pi a^2 b\rho \Rightarrow E(r) = \frac{a^2}{2\varepsilon_0 r}\rho \tag{3.30}$$

電位については，たとえば円柱の軸上の点を基準として計算すると，
(a) $r \leq a$ のとき：
$$\phi(r) = \int_r^0 E(r)dr = -\frac{r^2}{4\varepsilon_0}\rho \tag{3.31}$$

(b) $a < r$ のとき：
$$\phi(r) = \phi(a) + \int_r^a E(r)dr = -\frac{a^2\rho}{4\varepsilon_0} + \frac{a^2\rho}{2\varepsilon_0}\log\frac{a}{r} \tag{3.32}$$

＊ ここでは例題 3.2, 3.3 のように無限遠を基準にとることはしていない。無限遠を基準にとると発散が生じるからである。前述のように基準点のとり方は任意なので，ここでは円柱の軸上の点を基準点とした。このように基準点は必ずしも無限遠にある必要はなく，(問題文に指定がない限りは) 自由に選んでよい。

[例題 3.5] 円筒面上に分布する電荷が作る電場

無限に長い円筒の表面に，単位面積あたり σ の電荷密度で一様に電荷が分布している。円筒の底面の半径は a とする。このとき電場の分布を求めよ。

[解] 電荷分布は軸対称なので，電場分布も軸対称であり，円筒から放射状外向きで，その強さは円筒の中心軸からの距離 r のみによると考えられる。軸からの距離 r の点での電場の強さを $E(r)$ とする。ガウスの法則で用いる閉曲面 S は，円筒と軸を共有する，底面の半径 r の円筒とする。またこの円筒 S の高さを b とする。ガウスの法則の左辺の面積分は $\varepsilon_0 E(r) \cdot 2\pi rb$ である。この円筒面 S 内の電荷量は，r と a との大小関係により表式が異なる。

(a) $r \leq a$ のとき：円筒 S 内の電荷量は 0 なので
$$\varepsilon_0 E(r) \cdot 2\pi rb = 0 \Rightarrow E(r) = 0 \tag{3.33}$$

(b) $a < r$ のとき：円筒 S 内の電荷量は $2\pi ab\sigma$ なので
$$\varepsilon_0 E(r) \cdot 2\pi rb = 2\pi ab\sigma \Rightarrow E(r) = \frac{a}{\varepsilon_0 r}\sigma \tag{3.34}$$

電位については，たとえば円筒の軸上の点を基準として計算すると，
(a) $r \leq a$ のとき：
$$\phi(r) = \int_r^0 E(r)dr = 0 \tag{3.35}$$

(b) $a < r$ のとき：

$$\phi(r) = \phi(a) + \int_r^a E(r)dr = \frac{a\sigma}{\varepsilon_0} \log \frac{a}{r} \tag{3.36}$$

3.2.3 平面上の電荷分布

xy 平面上に一様に電荷が分布しているとする*。電荷の面密度を σ とする。たとえば $\sigma > 0$ とすると，対称性から電場分布は図 3.12 のように，平面から垂直外向きになっており，平面の両側では電場の強さは等しい。平面から距離 l の点での電場の大きさ $E(l)$ を求めよう。

ガウスの法則での閉曲面 S として，底面が xy 平面に平行であり，底面積が S で，xy 平面の両側にまたがる柱体の表面を考える。柱体は両側にそれぞれ高さ l だけ出ているとする。すなわち全体の高さは $2l$ とする。ガウスの法則の左辺は柱体表面全体にわたる面積分である。柱体の側面 S′ 上では電場と面が平行であり，面積分はゼロ。一方，2 枚の底面 S″ ではともに電場は面に垂直外向きであるので，

$$\varepsilon_0 \int_S E_n(\boldsymbol{r})dS = \varepsilon_0 E \cdot \int_{S''} dS = 2\varepsilon_0 ES \tag{3.37}$$

である。ガウスの法則の右辺は柱体内の領域にある電荷の総量 σS であるので，

$$2\varepsilon_0 ES = \sigma S \Rightarrow E = \frac{\sigma}{2\varepsilon_0} \tag{3.38}$$

となる。これは前章の章末問題 2.2 で，積分で計算した結果と一致している。また電場の強さが l によらないこともわかる。

これを用いて次のような場合を考える。電荷が一様分布した平面が平行に 2 枚あり，その電荷は互いに逆符号で大きさは同じとし，その電荷の面密度を $\pm \sigma$ とする。そうした場合は，平面上の正電荷の場合の電場分布 (図 3.13(a)) と，平面上の負電荷の場合の電場分布 (図 3.13(b)) とを重ね合わせたと考えればよく，結果は図 3.13(c) のようになる。この平面間の電場は一様で，その強さは

$$E = \frac{\sigma}{2\varepsilon_0} + \frac{\sigma}{2\varepsilon_0} = \frac{\sigma}{\varepsilon_0} \tag{3.39}$$

となる。このような配置は，第 4 章で詳しく扱うコンデンサーにおいて現れる。

* 電荷が面上に分布している場合に，面上に微小な領域 (面積 ΔS) を考えて，その中にある電荷量を ΔQ としたときに
$$\sigma \equiv \frac{\Delta Q}{\Delta S}$$
で電荷の面密度を定義する。単位は C/m² である。

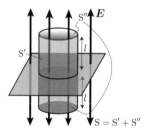

図 3.12 無限に広い平面上の電荷分布による電場。図の柱体についてガウスの法則を適用する。

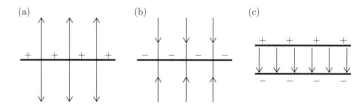

図 3.13 (a) 平面上の正電荷の分布による電場。(b) 平面上の負電荷の分布による電場。(a)(b) を空間的にずらして重ねることで，(c) が得られる。

3章のまとめ

- 電場のガウスの法則は，電気力線を用いて以下のように表現される．
  (a) 電気力線は正電荷から出発して，負電荷へと吸い込まれる．電荷のないところで電気力線がわき出したり吸い込まれたりすることはない．
  (b) 電荷からわき出す電気力線の本数はその電荷の量に比例する (特に正電荷からはわきだし，負電荷へと吸い込まれることは前項のとおり)．
  (c) 任意の閉曲面 S を考えると，その閉曲面を内から外向きに貫く電気力線の本数は，その閉曲面で囲まれる領域内の電荷量に比例する．
- 電場のガウスの法則：任意の閉曲面 S について，その上での電場の面積分に ε_0 をかけたものは，その閉曲面で囲まれる領域内にある電荷量の総和 Q に等しい．
- 与えられた電荷分布に対して電場分布を求めるとき，対称性のよい系では，電場のガウスの法則を用いると，点電荷による電場の公式 (前章) よりも簡便に計算できる可能性がある．その場合は閉曲面 S を，対称性に即して適切に選ぶ必要がある．

問題

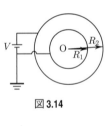

図 3.14

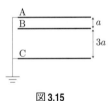

図 3.15

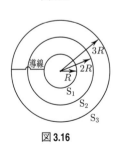

図 3.16

3.1 図 3.14 のように，中心 O を共有する，半径 R_1, R_2 ($R_1 < R_2$) の 2 つの導体球殻があり，厚さは無視できる．内側の球殻 (半径 R_1) を接地し，外側の球殻 (半径 R_2) の電位を V とするように電池をつなぐ．外側および内側の球殻に蓄積している電荷の量を求めよ．

3.2 図 3.15 に示すように，真空中に面積 S の同一の導体平板 A, B, C がこの順に平行に並べられ，AB の間隔は a, BC 間の間隔は $3a$ となっている．平板は a に比べて十分広いとする．導体平板の厚さは無視でき，平板 A, C はともに接地されているとする．平板 B に，電荷 Q を与えたときに，平板 B と平板 A との電位差はいくらになるか．

3.3 図 3.16 に示すように，厚さの無視できる 3 つの導体球殻 S_1, S_2, S_3 が中心を共有しており，その半径は順に半径 R, $2R$, $3R$ とする．球殻 S_2 に電荷 Q を与えて，球殻 S_1 と球殻 S_3 の球殻とを導線で接続したところ，その 2 つの球殻の間で電荷が移動し始めた．電荷移動が終わったときに，球殻 S_1 と球殻 S_3 のそれぞれに存在する電荷を求めよ．

3.4 底面の半径が R_1, R_2 ($R_1 < R_2$) の 2 つの中空の導体円筒があり，厚さは無視できて，その高さは非常に長いとする．外側の円筒 (半径 R_2) は接地されていて，内側の円筒 (半径 R_1) の電位を V とする．外側および内側の円筒の高さ方向の単位長さあたりに蓄積している電荷の量を求めよ．

3.5 空間内の点 (x, y, z) での電位が $\phi = C|z|$ (C:定数) で与えられるとする．
(1) 電場分布を求めて，電気力線を図示せよ．
(2) こうした電場分布を真空中に実現するには，どのような電荷分布があればよいか求めよ．

4
導体と静電場，および定常電流

導体には，多数の自由に動ける電荷があることに起因した，他の物質 (誘電体) とは全く異なる電気的特性が現れることが知られている．本章の前半では主として，静電場中で示す導体の基本的な電気的特性を紹介する．続いて，導体の電気的特性を巧みに利用した電気素子であるコンデンサーを扱う．ここでは主に，コンデンサーが電荷を蓄える＝静電エネルギーを蓄える素子であり，蓄電量はコンデンサーの静電容量 (電気容量) C に比例することを理解する．最後に，導体に流れる定常電流を理解するためにいくつかの基本法則および関連する現象を扱う．

4.1 導　　体

4.1.1 導体とは

物質を電気的性質により大別する場合，たとえば**導体** (conductor) と**誘電体** (dielectric) (あるいは**絶縁体** (insulator)) に分類することができる．導体には，その中をおおむね自由に動くことのできる電荷の運び手，すなわち**キャリア** (carrier) が数多く存在し，導体に特徴的に現れる電気的性質はこれら多数のキャリアの存在に起因する．一方，誘電体は 2 章 2.4 節で扱った電気双極子の集合体と考えてよく，キャリアがほぼ存在しない．よって，誘電体の電気的性質は電気双極子のふるまいに起因すると考えてよい (図 4.1)．なお，誘電体に関しては 8 章 8.1 節もあわせて参照のこと．

　金属は導体の典型的な一例であり，多数の自由電子が負電荷のキャリアとして存在する．自由電子の数密度 n_e を原子数密度 n_{atom} と同じであると近似し

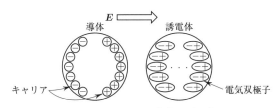

図 4.1　静電場中の導体と誘電体

た場合，n_e は次式で見積もられる．
$$n_e = \rho N_{\rm AV}/M \tag{4.1}$$
ただし，ρ は原子の質量密度，$N_{\rm AV}$ はアボガドロ数，M は原子量である．

[例題 4.1] 銅の中の自由電子の数密度

銅の原子量*1を $M = 63$ としたとき，銅の自由電子の数密度 n_e [/cm³] を計算せよ．ただし，銅の密度を $\rho = 8.9\,{\rm g/cm^3}$ とし，アボガドロ定数*2は $N_{\rm AV} = 6.0 \times 10^{23}$ /mol とせよ．

[解] 式 (4.1) より，
$$n_e = 8.9 \times 6.0 \times 10^{23}/63 \approx 8.5 \times 10^{22}/{\rm cm^3} \tag{4.2}$$
である．

*1 質量数 12 の炭素原子の質量を 12 としたときの，他の原子の相対質量を原子量という．

*2 物質 1 mol はアボガドロ数個の粒子で構成される．物質 1 mol の質量，すなわちモル質量は原子量の値 [g/mol] で与えられる．

4.1.2 静電誘導と誘導電荷

導体が静電場中に孤立しておかれたとき，導体中を自由に動くことのできるキャリアは電場に即座に反応する．たとえば金属を静電場 $\bm{E}$ 中においた場合，電荷 $-e$ をもつ個々の自由電子は式 (2.9)，すなわち $\bm{F} = -e\bm{E}$ によって与えられるクーロン力 $\bm{F}$ により，瞬時に導体中を電場ベクトル $\bm{E}$ の方向と逆向きに移動し始める．ここで e は**電気素量** (elementary charge) を表し，$e \approx 1.602 \times 10^{-19}$ C である (2.1.1 も参照のこと)．電場と逆向きに移動した電子は導体の表面まで到達した後，そこに留まることになる (図 4.1)．導体表面に現れそこに分布する電荷を**誘導電荷** (inductive charge) とよぶ．ところで金属自体は電気的に中性であるため，負電荷である電子が移動した後に残された元の部位は正に帯電する．結果として，金属導体中の電子の移動により，金属の相対する表面には正・負の誘導電荷が出現する (図 4.1)．この現象を**静電誘導** (electrostatic induction) とよぶ．電子の移動は，導体中に電場 $\bm{E}$ と逆向きの電場 $\bm{E'}$ を生成することとなり，これは平衡状態 ($\bm{E} + \bm{E'} = 0$) となるまで続く．すなわち，静電場中におかれた導体内部の電場の大きさは 0 となる．

図 4.2 には，金属球が一様な静電場 $\bm{E}$ 中におかれた場合の静電誘導のようすが模式的に示されている．正・負の誘導電荷は図のように金属球面の両側に現れる．誘導電荷による電場 $\bm{E'}$ は静電場 $\bm{E}$ を打ち消すように生じ，平衡状態となった導体中の電場は 0 となるので，導体中の電気力線は消滅する．

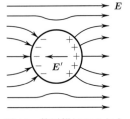

図 4.2 静電場におかれた金属導体 ($\bm{E} + \bm{E'} = 0$)

4.1.3 導体の電位

2 章 2.3 節で説明したように，等電位面は電気力線と直交する．よって，誘導電荷が分布し，それに対して電気力線が直交する導体表面は等電位面である (図 4.2)．

また，導体中の電場は 0 であることから，静電場と電位の関係を表す式

(2.46) を適用することで，導体内部の電位には勾配がない，すなわち電位は一定であることが導かれる。

　これらをまとめると，孤立した導体が平衡状態であるとき表面を含めた導体のすべての点は等電位であることがわかる。なお，地球は巨大な導体と考えることができることがよく知られている。既に 2.3.3 で説明したように，金属導体などを地球に接地することを，アースをとるなどといい，これにより金属導体の電位を地球の電位と等しく保つことが可能となる。すなわち，地球の電位を 0 V とすれば，アースをとることにより導体の電位を 0 V に保つことができるのである (図 4.3)。

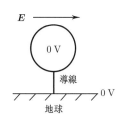

図 4.3　地球に接地した金属導体

[例題 4.2] 電池につながれた導体の電位
静電場 E 中におかれ，静電誘導により平衡状態にある導体に図 4.4 のように起電力 V の電池を接続した。地球を基準としたときの導体の電位を求めよ。

[解]　図 4.4 のように導体を接続した場合，平衡状態では導体は電池と同電位になるので，導体の電位も V となる*。

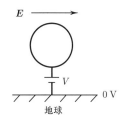

図 4.4　電池がつながれた金属導体

＊ 本章では，多くの場合，電位を ϕ ではなく V で表す。

4.1.4　静電遮蔽

図 4.5(a) のように，孤立した中空の空洞構造をもつ導体が静電場中におかれ平衡状態にあり，また空洞内に電荷がない場合を考える。このとき，導体の空洞部分の電場 E'' は 0 であり，空洞部分と導体は同電位となることが知られている。導体を接地した場合，当然空洞部分を含めた導体の電位はすべて地球と同じ 0 V となる。

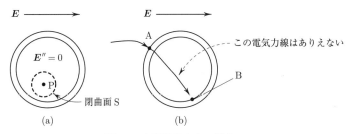

図 4.5　空洞構造をもつ導体

[例題 4.3] 導体の空洞部分の電場
空洞内に電荷がない場合，導体の空洞部分の電場 E'' は 0 となることを示せ。

[解]　図 4.5(a) にある導体の空洞には電荷は存在しない。このとき空洞空間の任意の点 P を考え，そこに電位の極大点 (あるいは極小点) があったとする。ここで図の点線で表されるような，空洞内部にあり点 P を囲む閉曲面 S を考え，そこにガウスの法則を適用すれば，仮定によりこの空洞中には電位の勾配

が 0 でない空間があることから大きさが 0 でない電場が存在し，したがって電場のわき出し (あるいは吸い込み)，すなわち電荷が存在することになる．ところが最初に空洞には電荷がないものとしているので，このことは成り立たないことになる．したがって，空洞空間のいたる所で電位の勾配は 0 であり，よって電場 E'' も 0 である．さらに，空洞の内壁は等電位面となっており，導体はいたる所で同電位なので，空洞を含めた導体はすべて同電位である．

また，導体の外にある電場による電気力線は導体の空洞内には進入しない．なぜなら，仮に外部電場に起因する電気力線が図 4.5(b) の点 A に到達し，導体の内壁を通ってさらに空洞内部に進入したとするならば，点 A を通過した電気力線は空洞を囲む導体内壁のとある点 B に到達しなければならない．ところが空洞を囲む導体内壁は同電位なので，内壁の点 A からわき出た電気力線がこのようなふるまいをすることはあり得ない．したがって，導体に囲まれた空洞空間は外場から孤立している．このような現象を **静電遮蔽** (electrostatic shielding) とよぶ．

[例題 4.4] 静電遮蔽

図 4.6 のように，接地された導体の空洞中の任意の点 P に電荷がおかれた場合を考える．このとき，空洞内部の電場は導体外部の電場から完全に独立していることを示せ．

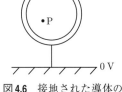

図 4.6 接地された導体の空洞中に電荷がある場合

[解] 点 P にある点電荷は空洞内に電場を作り，その結果導体の内壁には誘導電荷が現れる．ところが空洞を取り囲む導体は接地されており電位は 0 V であるので，導体中には電場は存在しない．これは導体の外から見れば，空洞内には導体の外に影響を与えるような電場は存在しない，ということと同等である．

4.1.5 導体の表面電荷が導体外部に作る電場

静電場中におかれ平衡状態にある導体内部には実効的に (正味の) 電荷がない．

[例題 4.5] 平衡状態における導体の電荷密度

平衡状態にあるとき，導体中の電荷密度 ρ が実効的に 0 であることを示せ．

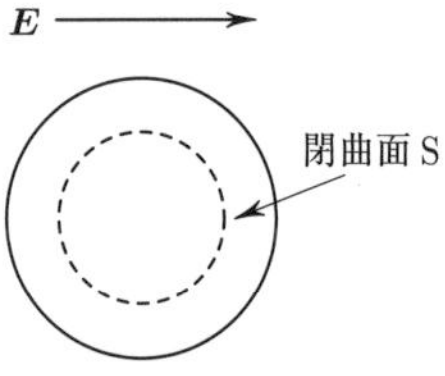

[解] 平衡状態時に導体内部の電場が 0 ということは，導体内に図 4.7 のような閉曲面 S を設けガウスの法則を適用すると，閉曲面 S 内には実効的な電荷がないことを意味する．閉曲面の取り方は任意なので，結局導体中での電荷密度 ρ が 0 であることを意味する．

図 4.7 平衡状態にある導体中の電場をガウスの法則により考察する

一方，導体表面に現れた誘導電荷は導体外部に電場を作る (図 4.2)。ここで図 4.8 のように表面の微少部分にガウスの法則を適用することで，誘導電荷が表面近傍に作る電場 E''' を求めてみよう。

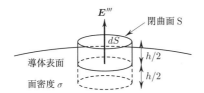

図 4.8　導体表面付近に作られる電場

誘導電荷の面密度を σ とし，断面積 dS，高さ h の微少な円筒形の閉曲面 S を図 4.8 のようにその半分が導体内に入るように設ける。円筒は十分に小さく，円筒の領域では表面の誘導電荷による電気力線は表面に対して垂直に出ているとしてよい。よって，電気力線は円筒閉曲面 S の側面を貫くことはない。また，前述したように導体内部では $\bm{E} = 0$ であることを考慮すると，ガウスの法則の式 (3.6) は $|\bm{E'''}| = E'''$ として

$$\varepsilon_0 E''' dS = \sigma dS \tag{4.3}$$

とかけるので，導体表面近傍の電場の大きさ E''' は

$$E''' = \frac{\sigma}{\varepsilon_0} \tag{4.4}$$

となる。方向は $\sigma > 0$ のとき表面の法線と同じ向き，$\sigma < 0$ のとき，法線と逆向きとなる。

[例題 4.6] 電荷を帯びた導体球の作る球の表面付近の電場

図 4.9 のように，真空中におかれた半径 R の導体球に電気量 $Q(>0)$ の電荷が与えられている。このとき，導体球の中心からの距離 $r(>R)$ の任意の点 P における電場 $\bm{E}$ の大きさ E およびその方向を求めることで，式 (4.4) が成り立つことを確めよ。

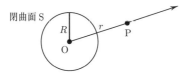

図 4.9　導体球の作る電場

[解]　例題 3.1 と同様に，原点 O を中心とした半径 r の球形の閉曲面 S を考え，ここにガウスの法則を適用する。この閉曲面 S で囲まれた仮想空間内にある電気量の総量は Q で，それは次式，

$$Q = 4\pi R^2 \sigma \tag{4.5}$$

を満たす。ただし σ は電荷の面密度である*。さらに，導体球が周囲に作る電場 $\bm{E}$ は，導体球の中心を原点として球対称であることは自明なので，電場の大

* 導体球の表面には電荷が一様に分布していることに注意。

きさ E は動径 r のみの関数である．これらのことより，以下の式が成り立つ．

$$\varepsilon_0 \int \boldsymbol{E} \cdot \boldsymbol{n}\, dS = \varepsilon_0 4\pi r^2 E = Q = 4\pi R^2 \sigma \tag{4.6}$$

これより，点 P における電場の大きさ E は次式で与えられる．

$$E = \frac{\sigma}{\varepsilon_0} \frac{R^2}{r^2} \tag{4.7}$$

また，導体球の周囲に作る電場の方向は導体球の中心から点 P へと結んだ動径の方向である．これらより，導体表面での電場の大きさは式 (4.7) で $r = R$ として

$$E = \frac{\sigma}{\varepsilon_0} \tag{4.8}$$

で与えられ，これは式 (4.4) と同じである．

4.1.6 鏡像（電荷）法

平衡状態にある導体の近くに電荷がある場合，この電荷が導体付近に作る電場 $\boldsymbol{E}$ は導体表面によって決定される境界条件に従うことになる．このような場合，電荷が作る電場 $\boldsymbol{E}$ を簡単に求める方法の一つに**鏡像（電荷）法** (method of images) がある．

[例題 4.7] 鏡 像 法

図 4.10 のように，xy 平面に無限に広がる表面をもつ導体が真空中にて接地されている．導体の占める空間は $z < 0$ の領域である．導体の表面から距離 d だけ離れた点 P(0,0,d) には電気量 q の正電荷がおかれており，導体は平衡状態にある．このとき，導体表面周辺にある任意の点 W(x,y,z) の電位 ϕ を求めよ．

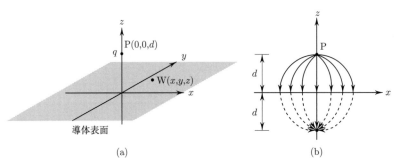

図 4.10 (a) 導体平面付近におかれた電荷，(b) 電荷と鏡像電荷が作る電気力線

[解] xy 平面に広がる導体の表面の電位が 0 である，という境界条件に着目すると，仮に $z < 0$ の導体の存在する領域が真空で，かつ点 Q(0,0,$-d$) に電気量 $-q$ の負電荷がおかれていれば，このことは満たされる．点 Q に仮想的におかれた電荷は**鏡像電荷** (image charge) とよばれる．

この場合，$z \geq 0$ の領域の，導体表面周辺にある任意の点 W(x,y,z) おける電位は，重ね合わせの原理により次式で与えられることになる。

$$\phi = \frac{q}{4\pi\varepsilon_0}\left[\frac{1}{\sqrt{x^2+y^2+(z-d)^2}} - \frac{1}{\sqrt{x^2+y^2+(z+d)^2}}\right] \quad (4.9)$$

4.2 コンデンサーと静電容量

4.2.1 導体の静電容量

例題 4.2 で扱ったように，たとえば電池などを用いて導体に 0 でない電位 (差) を与えると，導体と地球の間に電場が生じ，導体表面には電荷が現れる。現れる電荷の量 Q は，与えられた電位 V に比例し，比例係数 C を用いて次式

$$Q = CV \quad (4.10)$$

の関係が成り立つ。比例係数 C は導体の**静電容量** (電気容量) (capacitance, 単位は F (ファラド)) とよばれ，導体の形状や配置のされ方に依存する。

[例題 4.8] 導体球の静電容量

図 4.11 のように，真空中におかれた半径 R の導体球の表面に面密度 $\sigma(>0)$ の電荷が一様に分布している。この導体球の表面の電位 V を求め，それより導体球の静電容量 C を導出せよ。

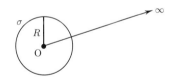

図 4.11 帯電した半径 R の導体球

[解] 既に 3.2.1 や例題 4.6 で説明したとおり，帯電した導体球は，周囲に，その中心を原点として球対称の電場 $\boldsymbol{E}$ を作り，その大きさ E は動径 r の関数となる。このとき，導体球の表面の電位 V の値は単位電荷を無限遠から導体球表面へ電場 $\boldsymbol{E}$ に逆らって運ぶのに必要な仕事の大きさと等しく，次式で与えられる。

$$V = -\int_{\infty}^{R} E\,dr \quad (4.11)$$

ただし，無限遠の電位を 0 としている。さて，式 (4.11) 中の E は例題 4.6 にて導出した式 (4.7) で与えられ，これを代入すると，

$$V = -\int_{\infty}^{R} \frac{\sigma R^2}{\varepsilon_0 r^2}dr = \frac{\sigma R}{\varepsilon_0} \quad (4.12)$$

となる。ところで，導体球に帯電した電荷の総量 Q は，式 (4.5) と同様，

$$Q = 4\pi R^2 \sigma \quad (4.13)$$

で与えられるので，導体表面の電荷密度 σ の代わりに Q を用いて式 (4.12) を表すと次式が得られる。

$$V = \frac{1}{4\pi\varepsilon_0}\frac{Q}{R} \tag{4.14}$$

この式は，電気量 Q の点電荷が原点にあるとき，それが原点からの距離 R の位置に作る電位の大きさを表す式と同等であることに注意すること。

さて，式 (4.10) と式 (4.14) を比較すると，真空中におかれた半径 R の導体球の静電容量 C は次式で与えられることがわかる。

$$C = 4\pi\varepsilon_0 R \tag{4.15}$$

これより，導体球の静電容量はその半径に比例することがわかる。

4.2.2 コンデンサー

間隔を設けて並べた一対の導体間に電位差を与えると，この導体の対に電荷を蓄えることができる。このような動作をする電気素子をコンデンサー (condenser) とよび，図 4.12 のように，一対の導体板を平行に並べた平行板コンデンサーが典型的な例である。

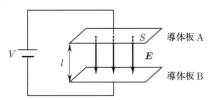

図 4.12 平行板コンデンサー

図 4.12 のように，面積 S の導体板 A と B が間隔 l で並べられ，起電力 V の電池に接続されて，真空中におかれている平行板コンデンサーを考えよう。このとき，導体板 A と B にはその間に存在する電位差 V に応じて，大きさが等しく符号の異なる電荷 $+Q$ と $-Q$ ($Q > 0$) が現れ，電気量 Q は式 (4.10) に従う。このとき，平行板コンデンサーの静電容量 C は，次式，

$$C = \varepsilon_0 \frac{S}{l} \tag{4.16}$$

で与えられる。

[例題 4.9] 平行板コンデンサーの静電容量

式 (4.16) を導出せよ*。

* 極板 (導体板) の厚さはないものとして考えてよい。

[解] 図 4.12 の平行板コンデンサーで，導体板間に作られている電場の大きさ E は，

$$E = \frac{V}{l} \tag{4.17}$$

である。

一方，電荷の面密度が σ である無限に広い板が作る電場の大きさは，既に式 (3.38) で与えられている。コンデンサーの導体板の面積が十分に大きいとして式 (3.38) および式 (3.39) を適用すると，導体板の間に生じる電場の大きさ E は面密度 $\sigma = Q/S$ として，

$$E = \frac{\sigma}{\varepsilon_0} = \frac{Q}{\varepsilon_0 S} \tag{4.18}$$

で与えられる。この E と式 (4.17) を等しいとおくと，

$$\frac{Q}{\varepsilon_0 S} = \frac{V}{l} \tag{4.19}$$

となるので，

$$Q = \varepsilon_0 \frac{S}{l} V \tag{4.20}$$

が得られる。この式と式 (4.10) とを比べると，平行板コンデンサーの電気容量 C は式 (4.16)

$$C = \varepsilon_0 \frac{S}{l}$$

で与えられることがわかる。

[例題 4.10] 直列および並列に接続した平行板コンデンサーの合成容量

図 4.13 のように，n 個の平行板コンデンサーを (a) 直列，および (b) 並列に接続した場合の合成電気容量を求めよ (4.4.3 も参照のこと)。ただし，i ($1 \leq i \leq n$) 番目のコンデンサーの電気容量を C_i とする。

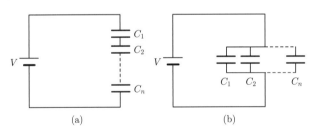

図 4.13 (a) 直列，(b) 並列に接続した平行板コンデンサー

[解] 図 4.13(a) のように，直列に接続した i ($1 \leq i \leq n$) 番目のコンデンサーにおける電圧降下*を V_i，帯電した電荷を Q_i とすると，

$$V = \sum_{i=1}^{n} V_i = \sum_{i=1}^{n} \frac{Q_i}{C_i} \tag{4.21}$$

となるが，図より $Q_1 = Q_2 = \cdots = Q_n$ であることが明らかなので，式 (4.21) は，

$$V = Q \sum_{i=1}^{n} \frac{1}{C_i} \tag{4.22}$$

と書くことができる。ただし，$Q_1 = Q_2 = \cdots = Q_n \equiv Q$ としている。したがって，直列に接続したコンデンサーの合成容量 C は，

* 回路中の素子 (この場合はコンデンサー) の両端に現れる電位の差

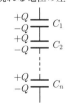

のように帯電している。

$$\frac{1}{C} = \sum_{i=1}^{n} \frac{1}{C_i} \tag{4.23}$$

で与えられる。

一方，並列に接続したコンデンサーの場合，図 4.13(b) のように，i ($1 \leq i \leq n$) 番目のコンデンサーにおける電圧降下を V_i，帯電した電荷を Q_i とすると，ここでは

$$V_1 = V_2 = \cdots = V_n = V \tag{4.24}$$

という関係が成り立っている。これより，

$$\sum_{i=1}^{n} Q_i = \sum_{i=1}^{n} C_i V_i = V \sum_{i=1}^{n} C_i \tag{4.25}$$

となり，一方，

$$Q = \sum_{i=1}^{n} Q_i = CV \tag{4.26}$$

であるから，並列に接続したコンデンサーの合成容量 C は，

$$C = \sum_{i=1}^{n} C_i \tag{4.27}$$

であることがわかる。

4.3 静電エネルギー

真空中に，面積が S で間隔が l の平行板コンデンサーが起電力 V の電池に接続されており，大きさ Q の電荷が蓄えられている状態を考える。このとき，コンデンサーには

$$U = \frac{1}{2}\frac{Q^2}{C} = \frac{1}{2}VQ = \frac{1}{2}CV^2 \tag{4.28}$$

で与えられる**静電エネルギー** (electrostatic energy) が蓄えられていることになる。

[例題 4.11] **コンデンサーの静電エネルギー**

コンデンサーの導体極板 A および B の電位をそれぞれ V_A および V_B とする ($V_A > V_B$)。このとき，導体板 B から 導体板 A へ微小電荷 dq を移動させることにより導体板 A および 導体板 B に，それぞれ 0 から $+Q$ および $-Q$ の電荷を蓄えることを考える。このとき，外部からなされる仕事 W はコンデンサーに蓄えられる静電エネルギーに変換される (図 4.14 参照)。この仕事 W を求めることにより，式 (4.28) を導出せよ。

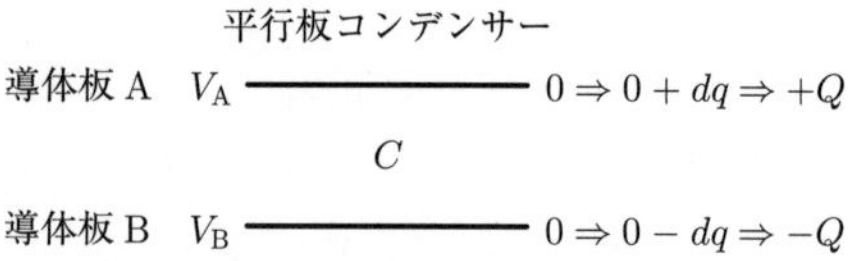

```
              平行板コンデンサー
導体板 A   V_A ─────────── 0 ⇒ 0 + dq ⇒ +Q
                    C
導体板 B   V_B ─────────── 0 ⇒ 0 − dq ⇒ −Q
```

図 4.14 平行板コンデンサーが蓄える静電エネルギー U

[解] 2.3.1 での議論より，導体板 B から 導体板 A へ微小電荷 dq を移動させるのに必要な仕事 dW は $V = V_A - V_B$ として

$$dW = V dq \qquad (4.29)$$

で与えられる。この操作を導体板 A の電荷が 0 から $+Q$ に，導体板 B の電荷が 0 から $-Q$ になるまで続けた場合，それに要する仕事 W は

$$W = \int_0^{+Q} V dq = \int_0^{+Q} \frac{q}{C} dq = \frac{1}{2}\frac{Q^2}{C} \qquad (4.30)$$

で与えられ，この結果と式 (4.10) より式 (4.28) が導出されることになる。

ただし，導体板 A と B の電気量がそれぞれ $+q$ および $-q$ のときの電位差は，

$$V(q) = \frac{q}{C} \qquad (4.31)$$

で与えられることを利用している。

一方，コンデンサーの導体極板間の空間には大きさ $E = V/l$ の電場が存在する。E を用いると，その極板間には単位体積あたり，

$$u = \frac{1}{2}\varepsilon_0 E^2 \qquad (4.32)$$

で与えられる静電エネルギーが蓄えられていることになる。

[例題 4.12] 静電エネルギー
式 (4.32) を導出せよ。

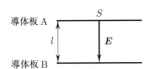

図 4.15 平行板コンデンサーが蓄える静電エネルギー

[解] 式 (4.28)
$$U = \frac{1}{2}CV^2$$
に，式 (4.16)
$$C = \varepsilon_0 \frac{S}{l}$$
と，式 (4.17)
$$E = \frac{V}{l}$$
を代入すると，
$$\frac{U}{Sl} = \frac{1}{2}\varepsilon_0 E^2 \qquad (4.33)$$
となる。
$$Sl = \text{コンデンサーの体積} \qquad (4.34)$$

なので，

$$\frac{U}{Sl} \equiv u \tag{4.35}$$

であり，式 (4.32) が成り立つ．

(**電場のエネルギー**) 体積 V の空間に蓄えられる静電エネルギー U_E は，電場 $\boldsymbol{E}$ の存在する領域について，式 (4.32) を体積積分することにより与えられる．

$$U_E = \frac{1}{2}\varepsilon_0 \int |\boldsymbol{E}|^2 dV \tag{4.36}$$

4.4 定常電流

4.4.1 電流密度と電荷保存則

これまで見てきたように，導体中で電位差がある場合，電荷はその電場から力を受けて移動する．単位時間に面 S を通過する電荷量 I を**電流** (electric current) という*．時間 Δt の間に電荷 ΔQ が面 S を通過した場合，その電流は

$$I = \frac{\Delta Q}{\Delta t} \tag{4.37}$$

* 電流の担い手は電子に限らず，電解質溶液中のイオンなど荷電粒子であれば電流が生じる．

で表される．特に，電流 I が時間的に変化しない場合，それを**定常電流** (stationary current) と呼ぶ．

電流の単位は A (アンペア) であり，1 A は 1 秒間に 1 C (クーロン) の電荷が移動したときの電流の強さとなる．この定義から明らかなように，

$$A = \frac{C}{s} \tag{4.38}$$

の関係が成り立つ．

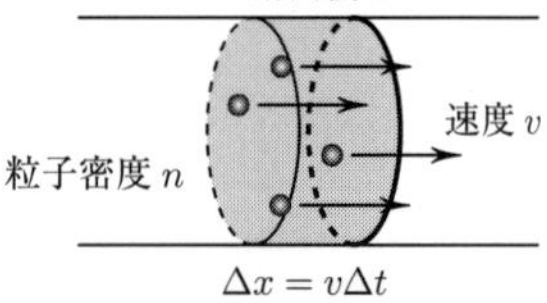

図 4.16 のように，電荷 q をもつ荷電粒子が平均速度 v で断面積 S の導線を流れていたとする．時間 Δt の間に面 S を通過できるのは，考えている面 S の手前 $\Delta x = v\Delta t$ の幅に含まれている荷電粒子だけである．荷電粒子の密度を n (単位体積あたり n 個) とすると，その個数は $nS\Delta x = nvS\Delta t$ であり，その電荷量は $\Delta Q = qnvS\Delta t$ となる．電流の定義 (4.37) より，このとき流れる電流 I は

$$I = qnvS \tag{4.39}$$

となる．

図 4.16 電流

断面積 S
粒子密度 n
速度 v
$\Delta x = v\Delta t$

[例題 4.13] 電流の単位

上で現れた $qnvS$，すなわち (電荷) × (粒子密度) × (速度) × (断面積) の単位が A であることを確かめよ．

[解] それぞれの単位を国際単位系で表すと
$$ \mathrm{C} \times \frac{1}{\mathrm{m}^3} \times \frac{\mathrm{m}}{\mathrm{s}} \times \mathrm{m}^2 = \frac{\mathrm{C}}{\mathrm{s}} = \mathrm{A} \tag{4.40} $$
これにより確かに $qnvS$ が単位時間あたりに断面 S を通過した電荷量に相当していることがわかる。

電流を微視的な立場から調べる際には，単位面積あたりの電流
$$ j = \frac{I}{S} \tag{4.41} $$
を考えると便利である。これを**電流密度** (electric current density) とよぶ。電流密度の単位は $\mathrm{A/m}^2$ となる。式 (4.39) の場合，電流密度は $j = qnv$ となる。電荷の流れはその速度と同様，方向をもつ。したがって，より一般的に電流密度は
$$ \boldsymbol{j} = qn\boldsymbol{v} \tag{4.42} $$
とベクトルで表される。

電荷は移動することはあっても，突然消えたり突然現れたりすることはない。つまり，電荷は常に保存している。これを**電荷保存則** (principle of conservation of charge) といい，物理法則の中でも非常に重要で厳密に成り立つ法則である。

電荷保存則を表すのが連続の方程式であるが，これは図 4.17 のような穴のあいた容器に水を入れた状況を想像すると理解しやすい。ある時間内に穴から流れ出る水の量は，その間に容器で減った水量に等しいことは容易に理解できるであろう。これを電流に置き換えて考える。容器の代わりに任意の閉曲面 S を考える。この閉曲面から外部に流出する電流は電流密度を用いて，
$$ \int_S \boldsymbol{j} \cdot \boldsymbol{n}\, dS $$
で表される。ここで体積積分と面積積分を関係づける発散定理*（ガウスの定理）を用いると，流出する電流は
$$ \int_S \boldsymbol{j} \cdot \boldsymbol{n}\, dS = \int_V \mathrm{div}\boldsymbol{j}\, dV \tag{4.43} $$
と表される。一方，この閉曲面で囲まれた体積 V の電荷の単位時間あたりの変化量は電荷密度 ρ を用いて
$$ -\frac{d}{dt}\int_V \rho\, dV = -\int_V \frac{\partial \rho}{\partial t} dV $$
と書ける。負符号は，"減った"量を考えているのでついている。これらが等しいので，
$$ \int_V \mathrm{div}\boldsymbol{j}\, dV = -\int_V \frac{\partial \rho}{\partial t} dV \tag{4.44} $$
の関係が成り立つ。任意の閉領域 V に対しこれが成り立つならば，その被積分関

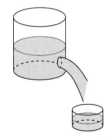

図4.17 穴のあいた容器と連続の方程式

* 発散定理によると，次の関係が成り立つ。
$$ \int_S \boldsymbol{A} \cdot \boldsymbol{n}\, dS $$
$$ = \int_V \mathrm{div}\boldsymbol{A}\, dV $$
この詳しい意味については 7.2 節で解説するので，今は公式と思って使っておこう。

数に対しても成り立っていなければいけない。このことより，

$$\mathrm{div}\, j + \frac{\partial \rho}{\partial t} = 0 \tag{4.45}$$

を得る。この関係式を**連続の方程式** (equation of continuity) とよぶ。

4.4.2 オームの法則とジュール熱

(1) 抵抗率と抵抗

金属導体中を「おおむね」自由に動くことができる多数の電子は，しかし，導体中を「完全に」自由に動くことができるわけではない。導体中の電子の「動きにくさ動きやすさ」は各導体の**電気抵抗率** (electric resistivity) $[\Omega \cdot \mathrm{m}]$ の値の大小で評価できる。表 4.1* にいくつかの金属の，温度 $0°\mathrm{C}$ および $100°\mathrm{C}$ での電気抵抗率 ρ を示す。

* 表 4.1 中の値は理科年表国立天文台編より抜粋。

表4.1 いくつかの金属の抵抗率 ρ

金属	抵抗率 ($\times 10^{-8}$) $[\Omega \cdot \mathrm{m}]$	
	$0°\mathrm{C}$	$100°\mathrm{C}$
アルミニウム	2.50	3.55
金	2.05	2.88
銀	1.47	2.08
鉄	8.9	14.7
銅	1.55	2.23
ニクロム	107.3	108.3

このように，導体に分類される金属でも種類が異なれば，電気をより通しやすいものとそうでないものがあることがわかる。また，同じ金属でも温度により抵抗率は変化する。金属の中でも電気をより通しやすい性質をもつ銅は電線の素材として広く用いられている。表 4.1 にある抵抗率 ρ の値を

$$R = \rho \frac{l}{S} \tag{4.46}$$

に代入することで各導体でできた長さ l，断面積 S の形状をもつ導線の電気抵抗 R (resistance) を算出することができる。電気抵抗 (あるいは抵抗) の単位は Ω (オーム) である。

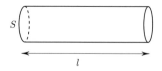

図 4.18 長さ l，断面積 S の導線

(2) オームの法則

導線や抵抗素子など，電気抵抗をもつ電気素子や回路などに電流を流すとき，その両端には電位差を生じさせる役割を果たす，すなわち**起電力** (electromotive force) をもつもの (たとえば電池や電源など) を導入しなければならない。このとき，電位差と電流の間には次の関係がなり立つことが知られている。

> (オームの法則) 電気抵抗の大きさが R の素子を流れる電流の大きさを I, そのときの素子の両端の間の電位差を V とした場合, V と I の間には**オームの法則** (Ohm's law)
> $$V = RI \tag{4.47}$$
> で与えられる関係が成り立つ。

図 4.19 のように, 抵抗の長さを l, 断面積を S, その抵抗率を ρ としよう。このとき, 抵抗中の電場の大きさ E は $E = V/l$ であるので, オームの法則の式 (4.47) は式 (4.46) を用いて次のように書き換えることができる。

$$El = V = \rho \frac{l}{S} I \tag{4.48}$$

これより

$$\sigma = \frac{1}{\rho} \tag{4.49}$$

とし, 電流密度 (の大きさ)

$$j = \frac{I}{S} \tag{4.50}$$

を用いれば, 次式が導出される。

$$j = \sigma E \tag{4.51}$$

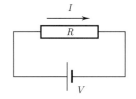

図 **4.19** オームの法則とジュール熱

この式はオームの法則の式 (4.47) と同等の式である。式 (4.49) で定義される σ は物質の**電気伝導率** (electrical conductivity) を表し, 抵抗率 ρ の逆数で与えられる。

(3) ジュール熱

図 4.19 のように, 電気抵抗 $R \neq 0$ の素子に電圧 (差) V が印加され, 電流 I が流れるとき, 素子には

$$P = VI \tag{4.52}$$

の**電力** (electric power) P が与えられ, これは電圧を印加するために使用する電源がした仕事に相当する。素子に与えられた電力が全部, 熱エネルギーに変換される場合, その結果発生する熱は**ジュール熱** (Joule heat) Q とよばれ, 次式,

$$Q = VIt = I^2 Rt \tag{4.53}$$

で与えられる。ただし t は素子に電力が加わった時間を表す。電力の単位は [V・A] = [W] (ワット)(= [J/s]) であり, ジュール熱の単位は [W・s] = [J] である。すなわち, 単位時間あたりのジュール熱の値は電力の値に一致する。

式 (4.53) よりわかるように, ジュール熱の大きさは導体の抵抗 R の大きさに依存する。これをミクロなレベルで考えてみよう。仮に図 4.18 の導線の両端の電位差が V であったとすると, 上述のように導線内部には大きさ $E = V/l$ の電場が存在していると考えられる。このとき, 導線中にある自由電

子は大きさ $F = eE$ のクーロン力を受け電場と逆向きに加速度運動をしようとする。しかし，電子はこの運動の最中に導線を構成する原子(陽イオン)との衝突と散乱を頻繁に繰り返すこととなり*，その際，電子の運動エネルギーが原子の熱(振動)エネルギーに変換される。これがジュール熱の源である。原子の存在が，主にクーロン力によって引き起こされる電子の運動に一種の摩擦力を付与する現象の顕れと理解できよう。

このことをまとめると，ジュール熱が発生するということは，自由電子は導体中を決して「自由に」動くことはできず，「抵抗」を受けながら，平均的には電場と逆方向に運動をする，ということと理解できる。

* 電子は規則的に並んでいる原子とは衝突しないが，位置のずれた原子とは衝突することになる。

[例題 4.14] 電流の流れる銅の導線のジュール熱

長さ $1\,\mathrm{km}$，断面積 $10\,\mathrm{mm}^2$ の銅の電線がある。この銅の電線の $0°\mathrm{C}$ のときの抵抗 R を導出せよ。また，この電線に電流 $1\,\mathrm{A}$ が 1 時間流れたとする。このときのジュール熱 Q を求めよ。

[解] 表 4.1 の ρ の値を用いて，式 (4.46) より，抵抗 R は
$$R = 1.55 \times 10^{-8} \frac{1000}{10 \times 10^{-6}} = 1.55\,\Omega \tag{4.54}$$
となる。この値を式 (4.53) の R に代入することにより，ジュール熱 Q は
$$Q = 1^2 \times 1.55 \times 3600 = 5580\,\mathrm{J} \tag{4.55}$$
となる。

4.4.3 キルヒホッフの法則

抵抗やコンデンサなどの回路素子を含む回路に電流を流すためには，回路に電源を組み込む必要がある。複数の回路素子を含む回路について，流れる電流などの性質を計算するために以下のキルヒホッフの法則を用いるとよい。ただし回路には定常電流，すなわち時間的に一定の電流が流れているとする。

(キルヒホッフの第一法則) 回路の任意の分岐点において，その分岐点に流入する電流を $I_1, \cdots, I_n$ とおく(電流が流出している場合は負とする)。すると 4.4.1 で説明した電荷の保存則から，それらの電流の和はゼロとなる。
$$\sum_{i=1}^{n} I_i = 0 \tag{4.56}$$

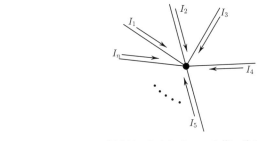

図 4.20　キルヒホッフの第一法則

(キルヒホッフの第二法則)　回路にある任意の閉じた経路に沿って1周するとき，抵抗における電圧降下の総和は，電源での起電力の総和に等しい。すなわち，

$$\sum_{i=1}^{l} V_i = \sum_{j=1}^{m} R_j I_j \tag{4.57}$$

ここで V_i は閉じた経路中の i 番目の電源の起電力で，経路にそって回る向きに電圧が上がる場合を正とする。また R_j は閉じた経路中の j 番目の抵抗の抵抗値で，I_j はその抵抗に流れる電流の値で，経路に沿って回る向きに流れる場合を正とする。

たとえば図 4.21 においては，A の矢印に沿って1周すると，

$$V_3 + V_1 = -R_2 I_2 + R_3 I_3 \tag{4.58}$$

B の矢印に沿って1周すると，

$$-V_1 + V_2 = -R_1 I_1 - R_3 I_3 + R_4 I_4 \tag{4.59}$$

となる。なお，キルヒホッフの第二法則での閉じた経路はどのようなものをとってもよい。たとえばこの回路の灰色の矢印に沿って1周すると，

$$V_3 + V_2 = -R_2 I_2 + R_4 I_4 - R_1 I_1 \tag{4.60}$$

となるが，これは式 (4.58) と (4.59) を合計した式となる。これは灰色の1周がちょうど A と B の経路を合わせたものとなっていることからくる。そのため式 (4.58), (4.59), (4.60) の3つは独立でなく，このうち2つの式を立てれば足りることになる。

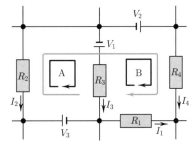

図 4.21　キルヒホッフの第二法則

[例題 4.15] ホイートストンブリッジ

図 4.22 のように抵抗 $R_1 = 1\,\Omega, R_2 = 2\,\Omega, R_3 = 2\,\Omega, R_4[\Omega], R = 2\,\Omega$ の抵抗値をもつ 5 つの抵抗をつないだ回路を考える。この回路に起電力 5 V の電池をつないだとき，抵抗 R に流れる電流 $I[\mathrm{A}]$ を，R_4 を用いて表せ。また $I = 0$ となるような R_4 を求めよ。このような回路はホイートストンブリッジとよばれる。

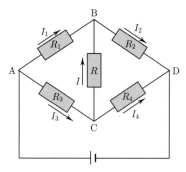

図 4.22 ホイートストンブリッジ

[解] 図 4.22 のように，点 A,B,C,D および各部分の電流 I_1, I_2, I_3, I_4, I を定める。すると，点 B および点 C でキルヒホッフの第一法則を用いて

$$I_2 = I_1 + I, \quad I_3 = I + I_4 \tag{4.61}$$

また経路 ACBA にキルヒホッフの第二法則を用いて

$$2I_3 + 2I - I_1 = 0 \tag{4.62}$$

また経路 DCBD にキルヒホッフの第二法則を用いて

$$-R_4 I_4 + 2I + 2I_2 = 0 \tag{4.63}$$

次に電池から ABD を通り電池に戻る経路にキルヒホッフの第二法則を用いて

$$I_1 + 2I_2 = 5 \tag{4.64}$$

これらの式を解くことで I が得られる。たとえば式 (4.61) を用いて I_2, I_3 を消去すると，式 (4.62), (4.64) から，

$$I_1 = \frac{5 - 2I}{3}, \quad I_4 = \frac{5 - 14I}{6}$$

が得られ，これらを (4.63) に代入して，

$$I = \frac{5R_4 - 20}{16 + 14R_4} \tag{4.65}$$

が得られる。すると $I = 0$ となる R_4 の値は $R_4 = 4\,\Omega$ と計算される。なお一般にホイートストンブリッジでは，抵抗 R に流れる電流をゼロにするためには，

$$\frac{R_1}{R_3} = \frac{R_2}{R_4}$$

とすればよい。

ホイートストンブリッジは，抵抗値が未知である抵抗の抵抗値測定に利用される。

4章のまとめ

- 導体には電荷を運ぶキャリアが多数存在し、これが導体の電気的性質を特徴づける。
- 静電場中におかれた導体表面には **誘導電荷** が出現し、これを**静電誘導現象**とよぶ。これにより、平衡状態にある電場中の導体の内部の電場は0となり、また導体表面は等電位となる。また、内部に空洞構造をもつ導体が電場中で平衡状態にあるとき、**静電遮蔽**により空洞内部とその外部は電気的に遮断される。
- **鏡像法**を適用すると、導体の表面近傍の電場を簡単に求めることができる場合がある。
- 導体は電荷を蓄積することができ、蓄積される電気量 Q は導体に与えられた電位(差) V に比例する。この比例定数を**静電容量**とよび、通常 C で表される。特に、一対の導体を並べた電気素子をコンデンサーとよび、効果的に電荷を蓄積できる。
- 断面積が S で長さが l の電気素子の抵抗 R は、素子を構成する物質固有の抵抗率 ρ を用いて $R = \rho \dfrac{l}{S}$ で与えられる。その両端に電位差 V が加えられたとき、素子に流れる電流 I はオームの法則に従う。
- 抵抗 R の素子に電圧(差) V が印加され電流 I が流れる場合、素子には**電力** P が外部から加えられたことに相当する。外部から与えられた電力によって素子に発生する熱を**ジュール熱**とよぶ。

問題

4.1 面密度が σ の導体の表面の微小部分にはたらく力を求めよ。

4.2 面積 S、間隔 l の平行板コンデンサーに大きさ Q の電気量が蓄えられている。このとき、両極板に互いに等しくはたらく力の大きさを、問題 4.1 の答えを利用して求めよ。

4.3 図 4.23 のように、原点 O を中心として半径 a の導体球と内径が b の厚さのある導体球殻が配置されている。導体球の表面には総電気量 Q の正電荷が一様に分布しており、導体球殻の内側の面には総電気量 $-Q$ の負電荷が一様に分布している。これらがコンデンサーとしてはたらく場合、このコンデンサーの静電容量を求めよ。

4.4 原点 O を中心とする半径 R の導体球の表面に面密度 σ の電荷が一様に分布している。このとき、この導体球の持つ静電エネルギー U_e を求めよ。

4.5 一般に、温度が T [°C] のとき、金属の抵抗率 ρ は温度係数 α を用いて

$$\rho = \rho_0(1 + \alpha T) \tag{4.66}$$

と近似的に与えられる。ここで ρ_0 は 0°C のときの抵抗率である。表 4.1 を参考にして、銅の温度係数を概算せよ。また、これを元に、温度が 25°C のときの、長さが 1 km、断面積が 10 mm² の銅の導線の抵抗値 R を求めよ。

図 **4.23** 球型コンデンサー

さて，何をしているのでしょう？

突然だが，右の図は何をしているところだと思われるだろうか。人体の浮遊実験？ 重力かなにかの測定？？ 実は，これは1章でも登場したグレーによって行われた人体の伝導性を示すための実験で，1730年4月8日にロンドンで行われたと記録されている。しかし何のためにこういう実験を行う必要があったのだろうか？ もちろん，人体が電気を通すことを示すためであるが，物理学的にもっと重要な進歩がその背景にある。

静電気の理解が深まるのは，18世紀に入ってからのことである。そのはじめの段階でグレーは大きな役割を果たした。グレーは摩擦したガラス管にはめたコルク栓もガラスと同様に小片を引きつける能力があることを発見し，ガラスに与えられた電気的性質がコルクにも伝わるということを見いだした。その後この種の実験をずっと距離を伸ばしてみたり，用いる素材を変えてみたりすることで，ついに伝導度が材質によって異なると結論づけたのである。

「そんなこと，小学生でも知っている」と思われるかもしれない。しかし当時の状況を想像してみてほしい。ボルタが電池を発明したのはずっと後の1801年のことで，グレーの時代に電気の研究を行うには，帯電させたガラス管などごく簡単なものしかない。しかも帯電させたものはうまく扱わないとすぐに電荷は逃げてしまう。時には湿度などにも影響を受ける。そんな中，不思議な現象の中の本当に重要なことと些末なこととを選り分け，本質がどこにあるのかを見抜くには相当な想像力と判断力が求められる。物質に導体と不導体があることを初めて見抜いたグレーにはそれが備わっていたのである。

力学に比べて電磁気学の進歩が歴史的に遅れたの

図4.24 Johann Gabriel Doppelmayr, *Neu-entdeckte Phaenomena von bewündernswurdigen Würckungen der Natur* (Nuremberg, 1744) より

絹糸で吊るされているのは8歳の少年である。少年の足に正に帯電したガラス管を近づけると，彼の足は負に帯電する。少年は他から孤立しており人の体は電気を通すので，足以外の先端はその反対に正の電荷を持つ。この実験では，少年の顔と手だけが露出しており，正に帯電したそれらが金属の小片を引き寄せている。

は，力学は目に見える現象が多いことに対し，電磁気学は目に見えない現象を扱うため，並外れた想像力が要求されるからであろう。力学より電磁気学が苦手，と感じる人が多いのも同様の理由と思われる。電磁気学を理解するには，目に見えないものに対し想像力をたくましくし，何が起こっているのかを考え抜く力を養う必要がある。

ここで問題。読者が普段親しんでいるスマホやタブレットPCの画面は，指の動きに反応する。さて，そこでは一体何が起こっているのだろうか。そのメカニズムを調べて学習するのも悪くないが，ここでは想像し，考えることで，その力を養ってみてはいかがだろうか。

5
電流と静磁場

定常電流が存在するとその周囲には静磁場が生成される。本章ではまず，静磁場を理解するために，磁荷という概念を導入し，磁荷に関するクーロンの法則を解説することから議論をはじめる。そこでは，磁荷の作る磁場と磁力線，磁場 H と磁束密度 B，および磁束密度 B に関するガウスの法則を論ずる。その後，時間変化しない電流が作る磁場を定量的に扱うために重要となるビオ・サバールの法則およびアンペールの法則を扱う。さらに，運動する電荷 (＝電流) が磁場中に存在するときに，運動する電荷にはたらくローレンツ力とよばれる力について解説する。

5.1 静 磁 場

5.1.1 磁荷とクーロンの法則

2 章で導入された静電場におけるクーロンの法則に対応して，静磁場に関してもクーロンの法則が成り立つと考えることができる。これは，電荷の代わりに**磁荷** (magnetic charge) という概念を導入することで[*1]，以下のように説明される。

電荷同様，磁荷には大きさと極性がある。これは磁石に強弱があり，また磁極に N と S の 2 つの極[*2]があることを考えると，直感的にはわかりやすいであろう。さて，図 5.1 のように，真空中の任意の位置 r_1 に磁荷量 q_{m1} の点磁荷 1，位置 r_2 に磁荷量 q_{m2} の点磁荷 2 がおかれた場合，点磁荷 1 が点磁荷 2 によって被る力 F_{12} は次式で与えられる。

$$F_{12} = \frac{1}{4\pi\mu_0} \frac{q_{m1}q_{m2}}{|r_1 - r_2|^2} \frac{r_1 - r_2}{|r_1 - r_2|} = \frac{q_{m1}q_{m2}}{4\pi\mu_0} \frac{r_1 - r_2}{|r_1 - r_2|^3} \quad (5.1)$$

作用・反作用の法則により，点磁荷 1 は点磁荷 2 に対して同じ大きさで逆向きの力 $F_{21}(\equiv -F_{12})$ を及ぼす (式 (2.3) 参照)。

2 つの磁荷の極性が共に正 ($q_{m1} > 0$, $q_{m2} > 0$) あるいは共に負 ($q_{m1} < 0$, $q_{m2} < 0$) の場合，2 つの磁荷の間には斥力がはたらき，どちらか一方が正でもう一方が負の場合，引力がはたらく (2 章図 2.1 参照のこと)。これは磁石の S 極と S 極，あるいは N 極と N 極が反発しあい，S 極と N 極が引っ張り合

[*1] 磁荷はあくまでも概念であり，その存在は確認されていない

[*2] N 極が正，S 極が負の極性をもつと考える。

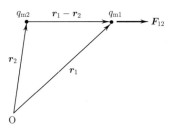

図 5.1 真空中におかれた 2 つの磁荷とその間にはたらく力

うことを考えればわかりやすいであろう。式 (5.1) は点電荷に関するクーロンの法則の式 (2.2) と基本的に同じ形をしており，磁荷間にはそれぞれの磁荷の大きさに比例し，磁荷間の距離の 2 乗に反比例した大きさの力がはたらくことを意味している。また，式 (2.2) 中にある真空の誘電率 ε_0 が真空の**透磁率** (vacuum permeability) μ_0 に置き換わっていることに注意すること。

> (磁荷のクーロンの法則)　r_1 にある大きさ q_{m1} の点磁荷が，r_2 にある大きさ q_{m2} の点磁荷から受けるクーロン力は次式で与えられる。
> $$F_{12} = \frac{1}{4\pi\mu_0}\frac{q_{m1}q_{m2}}{|r_1-r_2|^2}\frac{r_1-r_2}{|r_1-r_2|} = \frac{q_{m1}q_{m2}}{4\pi\mu_0}\frac{r_1-r_2}{|r_1-r_2|^3} \quad (5.2)$$

7 章で議論するように，真空の透磁率 μ_0 と真空の誘電率 ε_0 の間には，
$$c = \frac{1}{\sqrt{\varepsilon_0\mu_0}} \quad (5.3)$$
が成り立つ。ここで c は真空中での光の速度 ($= 2.99792458 \times 10^8$ m/s) であり，また，真空の透磁率 μ_0 は
$$\mu_0 = 4\pi \times 10^{-7}\,\mathrm{N/A^2} \quad (5.4)$$
である。これらより，2 章 2.1 節で与えられた $\varepsilon_0 = 8.85418\cdots \times 10^{-12}$ C^2/Nm^2($=$ F/m) が導出される。電荷の単位がクーロン [C] であるのに対し，磁荷の単位はウェーバー [Wb] である。

電荷同様，磁荷はクーロンの法則を満たすので，2 章 2.2 節で展開された，真空中におかれた電荷による電場 E や 2.3 節での電位の解説時に適用された理論は，同様に真空中におかれた磁荷による**磁場** (magnetic field) H や**磁位** (magnetic potential) の議論に適用することができる。

[例題 5.1] $1/\sqrt{\varepsilon_0\mu_0}$ の単位

$1/\sqrt{\varepsilon_0\mu_0}$ の単位が [m/s] であることを示せ。

[解]
$$\frac{1}{[\mathrm{F/m}]^{1/2}[\mathrm{N/A^2}]^{1/2}} \equiv \frac{1}{[\mathrm{C^2/N\cdot m^2}]^{1/2}[\mathrm{N/A^2}]^{1/2}} = \frac{[\mathrm{m}]}{[\mathrm{s}]} \quad (5.5)$$

［例題 5.2］**Wb が J/A であること**
[Wb] = [J/A] であることを示せ。

［解］　式 (5.1) より，単位に関する次の関係が成り立つ。
$$[\text{N}] = \frac{[\text{A}^2 \cdot \text{Wb}^2]}{[\text{N} \cdot \text{m}^2]} \tag{5.6}$$
これより [Wb] = [J/A] であることがわかる。

5.1.2　磁荷の作る磁場とガウスの法則

5.1.1 節における議論より，磁荷はその周囲に場を作ることは自明である。磁荷が作る場は**磁場**とよばれ，電荷が作る電場と対応させて考えることができる。真空中で作られる磁場を H で表した場合，磁場 H 中におかれた大きさ q_m の磁荷には，式 (2.9) に対応して，次式で与えられる力がはたらくことになる。
$$\boldsymbol{F} = q_\text{m} \boldsymbol{H} \tag{5.7}$$

［例題 5.3］**磁場 H の単位の導出**
式 (5.7) より，磁場 H の単位を導出せよ。

［解］　式 (5.7) および，[Wb] = [J/A] の関係より，磁場 H の単位は
$$\frac{[\text{N}]}{[\text{Wb}]} = \frac{[\text{A}]}{[\text{m}]} \tag{5.8}$$
となる。

2 章 2.2 節で説明したように，電荷が作る電場は電気力線を用いて定性的に表すことができることに対応して，磁場は **磁力線** (lines of magnetic field) を用いて表すことができる。図 5.2 には正負 (±) の磁荷が隣接している場合の磁力線を模式的に表している。図のように，+ の磁荷からわき出した磁力線は，必ず − の磁荷に吸い込まれる。磁荷の場合，電荷の場合とは異なり**単磁荷というものは存在しない***。よって，単電荷というものが存在する電荷 (電

*　少なくとも観測されていない。

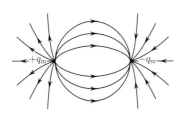

図 5.2　正負の磁荷が作る磁力線

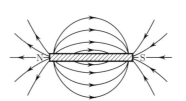

図 5.3　真空中におかれた棒磁石がつくる磁力線

場) に関するガウスの法則の式 (3.4) と異なり, (真空中におかれた) 磁荷 (磁場) に関するガウスの法則は次式で与えられることになる。

$$\mu_0 \int_S \bm{H} \cdot \bm{n}\, dS = 0 \tag{5.9}$$

図 5.3 は, 真空中におかれた棒磁石が作る磁力線を模式的に示したものである。磁力線が N (+) 極からわき出し, S (−) 極に吸い込まれている。

5.1.3 磁場 $\bm{H}$ と磁束密度 $\bm{B}$, 磁束 Φ

真空や, 多くの物質中では, 磁場 $\bm{H}$ は 磁束密度 (magnetic flux density) $\bm{B}$ を用いて与えられ, 両者には次式の関係が成り立つ。

$$\bm{B} = \mu \bm{H} \tag{5.10}$$

ただし, μ は物質の透磁率である。物質の透磁率は物質の磁気的性質を表す物理量で, 個々の物質によって異なり, また同じ物質でも条件によって変わり得る。なお, 上述したように, 真空の透磁率は他と区別して μ_0 と表す。磁束密度 $\bm{B}$ の単位はテスラ [T] である。ちなみにガウス [G] という単位を用いた場合, 1 T は 10000 G に相当する。

[例題 5.4] T が Wb/m² であること

[T] = [Wb/m²] であることを示せ。

[解] 式 (5.10), (5.4), および式 (5.8) より, 次の関係が成り立つ。

$$[\mathrm{T}] = \frac{[\mathrm{N}\cdot\mathrm{A}]}{[\mathrm{A}^2\cdot\mathrm{m}]} = \frac{[\mathrm{N}]}{[\mathrm{A}\cdot\mathrm{m}]} = \frac{[\mathrm{J}]}{[\mathrm{A}\cdot\mathrm{m}^2]} = \frac{[\mathrm{Wb}]}{[\mathrm{m}^2]}$$

磁場は磁力線を用いて表されることは前述したが, これに対応して, 磁束密度は磁束 (magnetic flux) Φ を用いて考えることができる*。磁束密度が $\bm{B}$ (大きさ B) である一様な磁場に対して垂直におかれた面積 S の平面を (その法線ベクトル方向に) 貫く磁束は $\Phi = SB$ で与えられる。磁束 Φ の単位は Wb である。

なお, 本教科書では以降, 磁場を磁束密度 $\bm{B}$ を用いて表すことにする。

* より一般的に, 磁束 Φ はある閉曲線 C をふちとする任意の曲面 S 上での磁束密度 $\bm{B}$ の面積分で与えられる。
$$\Phi = \int_S \bm{B} \cdot \bm{n}\, dS$$
ただし, $\bm{n}$ は曲面 S の法線方向の単位ベクトルである (6.1.3 参照のこと)。

5.2 ビオ・サバールの法則

章頭で述べたように, 電流はその周囲に磁場を作る。図 5.4 のように, 大きさ I の電流を考える。位置 $\bm{r}'$ にある電流素片 $d\bm{s}$ が位置 $\bm{r}$ に作る磁場を $d\bm{B}(\bm{r})$ と表そう。

(ビオ・サバールの法則)　ビオ・サバールの法則 (Biot-Savart's law) によ

ると，磁場 $d\boldsymbol{B}(\boldsymbol{r})$ は次式で与えられることが知られている*。

$$d\boldsymbol{B}(\boldsymbol{r}) = \frac{\mu_0 I}{4\pi} d\boldsymbol{s} \times \frac{\boldsymbol{r}-\boldsymbol{r}'}{|\boldsymbol{r}-\boldsymbol{r}'|} \frac{1}{|\boldsymbol{r}-\boldsymbol{r}'|^2} \qquad (5.11)$$

* 式 (5.11) がなぜ成り立つかは，問題 5.1 を参照されたし。

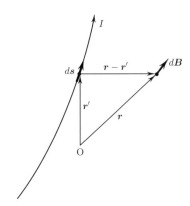

図 5.4 電流が周囲に作る磁場

これより，磁場の大きさ $|d\boldsymbol{B}(\boldsymbol{r})| \equiv dB$ は次式となることがわかる。

$$dB = \frac{\mu_0 I}{4\pi} \frac{ds}{|\boldsymbol{r}-\boldsymbol{r}'|^2} \sin\theta \qquad (5.12)$$

ただし，$|d\boldsymbol{s}| \equiv ds$ であり，θ は $d\boldsymbol{s}$ とベクトル $\boldsymbol{r}-\boldsymbol{r}'$ のなす角度である。

ビオ・サバールの法則を用いることにより，様々な電流が周囲に作る磁場を求めることができる。

[例題 5.5] **円形電流が軸上に作る磁場**

図 5.5 のように，真空中の xy 平面上に z 軸を中心軸としておかれている半径 R の円形回路に，大きさ I の電流が図中の矢印の方向に流れている。このときこの電流が z 軸上の任意の位置 $\boldsymbol{r}(0,0,z)$ にある点 Q に作る磁場 $\boldsymbol{B}(\boldsymbol{r})$ をビオ・サバールの法則を用いて求めよ。

[解] まず，図 5.5 のように，円形回路上の任意の位置 $\boldsymbol{r}'(x,y,0)$ にある点 P 上の電流素片 $d\boldsymbol{s}$ を考える。この電流素片が z 軸上の点 Q に作る磁場 $d\boldsymbol{B}(\boldsymbol{r})$ は，ビオ・サバールの法則により次式

$$d\boldsymbol{B}(\boldsymbol{r}) = \frac{\mu_0 I}{4\pi} d\boldsymbol{s} \times \frac{\boldsymbol{r}-\boldsymbol{r}'}{|\boldsymbol{r}-\boldsymbol{r}'|} \frac{1}{z^2+R^2} \qquad (5.13)$$

で与えられ，このとき，その大きさ dB は，

$$dB = \frac{\mu_0 I}{4\pi} \frac{ds}{z^2+R^2} \qquad (5.14)$$

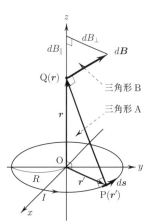

図 5.5 円形電流が z 軸上に作る磁場

となる。図 5.5 のように，磁場 $d\boldsymbol{B}(\boldsymbol{r})$ を z 軸に平行な成分 $dB_\parallel$ とそれに垂直な成分 $dB_\perp$ に分解してみる。ところで，ここでは軸対称の問題を扱っていることを考えれば，幾何学的考察により後者の成分は打ち消されて 0 になる

ことは自明である。よって，本問題では磁場 $d\boldsymbol{B}(\boldsymbol{r})$ の z 軸に平行な成分 $dB_{\parallel}$ のみを考えればよいことになる。三角形 A と B は互いに相似なので $dB_{\parallel}$ は次式で与えられる。

$$dB_{\parallel} = \frac{\mu_0 I}{4\pi} \frac{ds}{z^2 + R^2} \frac{R}{\sqrt{z^2 + R^2}} \tag{5.15}$$

これより，電流 I の流れる半径 R の円形回路が z 軸上の任意の点 Q に作る磁場 $\boldsymbol{B}(\boldsymbol{r})$ の大きさ $B(\boldsymbol{r})$ は，

$$\begin{aligned} B(\boldsymbol{r}) &= \oint \frac{\mu_0 I}{4\pi} \frac{R}{(z^2 + R^2)^{3/2}} ds = \frac{\mu_0 I}{4\pi} \frac{2\pi R^2}{(z^2 + R^2)^{3/2}} \\ &= \frac{\mu_0 I S}{2\pi (z^2 + R^2)^{3/2}} \end{aligned} \tag{5.16}$$

で与えられる。ただし，S は円形回路の張る面積である。当然磁場 $\boldsymbol{B}(\boldsymbol{r})$ の方向は z 軸の正の方向を向く。

[例題 5.6] 直線電流が周囲に作る磁場とビオ・サバールの法則
図 5.6 のように，z 軸に沿って大きさ I の電流が $-\infty$ から $+\infty$ へと流れている。このときこの直線電流が z 軸からの距離 a の位置に作る磁場をビオ・サバールの法則を用いて求めよ。

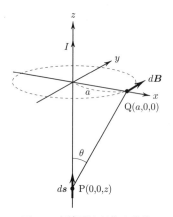

図 **5.6** 直線電流が作る磁場

[解] 図 5.6 の z 軸上の任意の位置 $\boldsymbol{r}'(0, 0, z)$ の点 P にある電流素片 $d\boldsymbol{s}$ が原点から距離 a の位置 $\boldsymbol{r}(a, 0, 0)$ にある点 Q に作る磁場 $d\boldsymbol{B}(Q)$ を求めよう。$d\boldsymbol{s}$ とベクトル $\boldsymbol{r} - \boldsymbol{r}'$ とのなす角度を θ とすると，ビオ・サバールの法則により，磁場 $d\boldsymbol{B}(Q)$ の大きさ dB は，

$$\begin{aligned} dB &= \frac{\mu_0 I}{4\pi} \frac{ds}{z^2 + a^2} \sin\theta = \frac{\mu_0 I}{4\pi} \frac{ds}{z^2 + a^2} \frac{a}{\sqrt{z^2 + a^2}} \\ &= \frac{\mu_0 I}{4\pi} \frac{a}{(z^2 + a^2)^{3/2}} dz \end{aligned} \tag{5.17}$$

で与えられる。ただし，$ds \equiv dz$ としている。これより，直線電流が点 Q に

作る磁場の大きさ $B(Q)$ は次式で与えられることになる。

$$B(Q) = \int_{-\infty}^{+\infty} \frac{\mu_0 I}{4\pi} \frac{a}{(z^2 + a^2)^{3/2}} dz \tag{5.18}$$

この積分を行うために，

$$z = a \tan^{-1} \theta \tag{5.19}$$

を用いて変数変換することにより，以下の解が得られる。

$$B(Q) = \frac{\mu_0 I}{2\pi a} \tag{5.20}$$

直線電流の作る磁場の向きは，右ねじの法則によって与えられる。すなわち，電流の流れる向きに沿って右ねじを進めるとき，ねじを回す向きに一致する。したがって，点 Q における磁場の向きは y 軸の正の向き (図 5.6 の $d\boldsymbol{B}$ 矢印の向き) となる。

5.3 アンペールの法則

電流と磁場との間には次の法則が成り立つ。

(**アンペールの法則**) 図 5.7(a) のように真空中に大きさ I の電流が流れている。このとき，電流の周りの閉ループ C に対する磁場 $\boldsymbol{B}$ の循環 (積分経路 C 一周分についての $\boldsymbol{B}$ の線積分*) に対して，以下の式が成り立つ。

$$\oint_C \boldsymbol{B} \cdot d\boldsymbol{s} = \mu_0 I \tag{5.21}$$

* 付録 A.1.2 参照

これはアンペールの法則 (Ampere's law) と呼ばれる法則である。なお，電流の周りの閉ループ C の取り方は決まっておらず，状況に応じて決めることができる。さらに，図 5.7(b) のように，閉ループ C の中を大きさ I の電流が n 回貫く場合，式 (5.21) は，

$$\oint_C \boldsymbol{B} \cdot d\boldsymbol{s} = n\mu_0 I \tag{5.22}$$

となる。

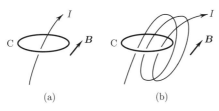

図 **5.7** 閉ループ C の中を電流が (a) 1 回，(b) n 回，貫く場合

なお，以下の例題が示すように，アンペールの法則から磁場が求められるのは，磁場の対称性が高い場合に限られる。

[例題 5.7] 直線電流が周囲に作る磁場とアンペールの法則

図 5.6 のように，z 軸に沿って大きさ I の電流が $-\infty$ から $+\infty$ へと流れている。このとき，この直線電流が z 軸からの距離 a の位置に作る磁場の大きさをアンペールの法則を用いて求めよ。

[解] 図 5.8 のように，z 軸を中心として半径 a の閉ループ C をとる。この閉ループに沿って直線電流の作る磁場 $\boldsymbol{B}$ の循環をとる。問題が軸対称であることを考えると，磁場の大きさ $B \equiv |\boldsymbol{B}|$ は直線電流からの距離のみの関数であることが予測され，さらに，磁場の方向は閉ループ C の接線方向であることから，次式が成り立つ。

$$\oint_C \boldsymbol{B} \cdot d\boldsymbol{s} = 2\pi a B = \mu_0 I \tag{5.23}$$

これより，

$$B = \frac{\mu_0 I}{2\pi a} \tag{5.24}$$

となり，当然，これはビオ・サバールの法則を用いて導出した式 (5.20) と同じである。

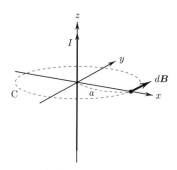

図 5.8　直線電流が周囲に作る磁場

[例題 5.8] ソレノイドの作る磁場

図 5.9(a) のように，導線を単位長さあたり n 回，断面積 S の筒状に巻いた無限に長いコイルに大きさ I の電流を流すことを考える。このようなコイルをソレノイド (solenoid) という*。真空中に z 軸に沿っておかれたソレノイドが作る磁場を，アンペールの法則を用いて導出しよう。

* 例題 5.5 で扱ったように，円形電流は磁場を作り，図 5.9 のように磁石と置き換えることができる (8 章 8.2.2 も参照のこと)。

[解] 図 5.9(b) はソレノイドの断面図である。図のように，辺の長さが L および H の，点 1, 2, 3, および 4 を頂点とする長方形の閉ループ C をとり，ここにアンペールの法則を適用する。このとき，理想的なソレノイドは無限に長い円筒状のコイルであるため，対称性によりソレノイドの内部にできる磁場はソレノイドの軸に沿ってのみ存在できる。さらに，ソレノイドを無限に長い磁石と考えた場合，この磁石には両端が存在しないことになり，したがって両端

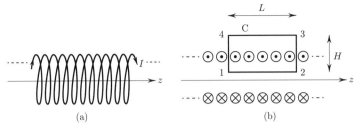

図 5.9 (a) z 軸に沿っておかれている断面積が S のソレノイドに電流 I が流れているようす，(b) ソレノイドの断面と，そこにアンペールの法則を適用するようす

から外部に出たり入ったりする磁力線は存在しないと考えられる*。これはソレノイドの外部の磁場はゼロであることを意味する。

以上の考察により，図 5.9(b) 閉ループ C に対してアンペールの法則を適用すると，磁場の方向は z 軸の正の方向なので次式が導出される。

$$\oint_C \boldsymbol{B} \cdot d\boldsymbol{s} = BL = \mu_0 n L I \tag{5.25}$$

よって，ソレノイドがその内部に作る磁場の大きさ B は次式，

$$B = \mu_0 n I \tag{5.26}$$

で与えられ，方向は z 軸の正の方向である。

* これより無限に長いソレノイドは，円盤状の棒磁石を無数に重ねたものと見なせる。このように積み重ねた磁石には端がないため磁石外部には磁力線が出現せず，磁場がないことになる。すなわち，ソレノイドの外部の磁場の強度は 0 である。

5.4 ローレンツ力

5.4.1 磁場中の点電荷にはたらく力

磁場中に電荷がおかれた場合，以下が成り立つ。

> (ローレンツ力) 磁場 $\boldsymbol{B}$ 中に速度 $\boldsymbol{v}$ で運動する電荷 q がおかれた場合，電荷には次式で与えられる力 $\boldsymbol{F}$ がはたらく。
> $$\boldsymbol{F} = q(\boldsymbol{v} \times \boldsymbol{B}) \tag{5.27}$$
> この力をローレンツ力 (Lorentz force) とよぶ。電場 $\boldsymbol{E}$ が同時に存在する場合，ローレンツ力は次式で与えられることになる。
> $$\boldsymbol{F} = q(\boldsymbol{E} + \boldsymbol{v} \times \boldsymbol{B}) \tag{5.28}$$

式 (5.27) あるいは式 (5.28) より，荷電粒子の速度成分が磁場 $\boldsymbol{B}$ に対して平行の場合，磁場は荷電粒子に対して力を及ぼさないことがわかる。一方，荷電粒子の速度成分が磁場 $\boldsymbol{B}$ に対して垂直である場合，磁場は荷電粒子に対して最大の力を及ぼすことになる。

[例題 5.9] 磁場中の荷電粒子にはたらくローレンツ力とサイクロトロン運動
図 5.10(a) のように，電気量が q で質量が m の電荷が，z 軸の正の方向を向

く大きさ B の一様な磁場中におかれている．このとき，この電荷がどのような運動をするか，運動方程式を解くことにより導出せよ．

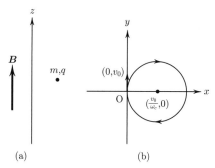

図5.10 (a) z 軸正方向を向く一様な磁場 B 中におかれた質量 m，電気量 q の点電荷，(b) 中心を $(v_0/\omega_c, 0)$ とする 半径 v_0/ω_c の xy 平面上でのサイクロトロン運動

[解] z 軸の正の方向を向く一様な磁場中を運動する電荷の運動方程式を x, y, z 成分について個々に書き下すと，
$$\boldsymbol{B} = (B_x, B_y, B_z) = (0, 0, B)$$
$$\boldsymbol{v} = (v_x, v_y, v_z)$$
とした場合，以下のようになる．
$$F_x = m\frac{dv_x}{dt} = q(\boldsymbol{v}\times\boldsymbol{B})_x = q(v_y B_z - v_z B_y) = qv_y B \quad (5.29)$$
$$F_y = m\frac{dv_y}{dt} = q(\boldsymbol{v}\times\boldsymbol{B})_y = q(v_z B_x - v_x B_z) = -qv_x B \quad (5.30)$$
$$F_z = m\frac{dv_z}{dt} = q(\boldsymbol{v}\times\boldsymbol{B})_z = q(v_x B_y - v_y B_x) = 0 \quad (5.31)$$
ここで，式 (5.29) について，次式のようにもう一度時間微分し，
$$m\frac{d^2 v_x}{dt^2} = q\frac{dv_y}{dt} B \quad (5.32)$$
上式 (5.32) に式 (5.30) を代入して整理すると，次式が導出される．
$$\frac{d^2 v_x}{dt^2} + \left(\frac{qB}{m}\right)^2 v_x \equiv \frac{d^2 v_x}{dt^2} + \omega_c^2 v_x = 0 \quad (5.33)$$
ただし，ここでは
$$\frac{qB}{m} \equiv \omega_c \quad (5.34)$$
としてあり，ω_c はサイクロトロン角周波数 (cyclotron angular frequency) とよばれる量である．式 (5.33) の v_x は，
$$v_x = A\sin(\omega_c t + \varphi) \quad (5.35)$$
で与えられる．ただし，A は速度の振幅を表し，φ は初期条件によって決定される位相成分を表している．さらに，式 (5.35) を式 (5.29) に代入することにより，v_y に関する次式が得られる．
$$v_y = A\cos(\omega_c t + \varphi) \quad (5.36)$$

ここで,$\varphi = 0$ の場合を考え,さらに,初期条件,すなわち $t = 0$ のときに
$$v_x(t=0) = 0$$
$$v_y(t=0) = v_0$$
としよう。このとき,式 (5.35), (5.36) は,
$$v_x \equiv \frac{dx}{dt} = v_0 \sin(\omega_c t) \tag{5.37}$$
$$v_y \equiv \frac{dy}{dt} = v_0 \cos(\omega_c t) \tag{5.38}$$
となる。さらに,
$$x(t=0) = 0$$
$$y(t=0) = 0$$
とすれば,x と y に関する次式が導出される。
$$x = -\frac{v_0}{\omega_c}\cos(\omega_c t) + \frac{v_0}{\omega_c} \tag{5.39}$$
$$y = +\frac{v_0}{\omega_c}\sin(\omega_c t) \tag{5.40}$$

これは,図 5.10(b) のように,$t = 0$ のときに $x = 0, y = 0$ にあり,そのとき $v_x = 0, v_y = v_0$ の速度成分をもっていた電荷が,z 方向を向く一様な磁場 $\boldsymbol{B}$ 中にて xy 面内で座標 $(x, y) = (v_0/\omega_c, 0)$ を中心とする半径 v_0/ω_c の円を描いて,角周波数 ω_c で回転運動をすることを表している。このような,荷電粒子の磁場中での運動をサイクロトロン運動 (cyclotron motion) とよぶ。

式 (5.31) からも明らかなように,この場合ローレンツ力の z 成分は 0 であり,磁場は荷電粒子の運動の z 成分に対してなんら影響を与えない。したがって,もし荷電粒子の速度の z 方向成分 v_z が 0 であれば,サイクロトロン運動は 図 5.10(b) のように xy 平面内に限られる。一方,$v_z \neq 0$ であれば,荷電粒子は z 方向に v_z の等速度で動くらせん運動をすることになる。

[例題 **5.10**] 磁場中におかれた電流にはたらく力

図 5.11 のように,断面積が S のまっすぐな導線が,x 軸に沿って磁場 $\boldsymbol{B} = (0, 0, B)$ におかれている。導線内には密度が n で電気量 q の電荷が速度 v で運動しており,結果として大きさ I の電流が図の矢印の方向に流れている。このとき,導線の長さ l の部分にはたらく力の大きさ F_l を 電流 I を用いて表せ。また,その方向は?

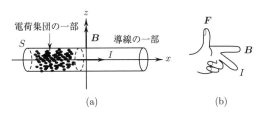

図 5.11 磁場中に垂直におかれた直線導線とフレミングの左手の法則

[解] 導線内を動く電荷 1 個にはたらく力の大きさ F は，式 (5.27) より，
$$F = qvB \tag{5.41}$$
である。長さ l の導線中には nlS 個の電荷があるので，長さ l の導線にはたらく力の大きさ F_l は，
$$F_l = nlSqvB \tag{5.42}$$
である。個々の電荷にはたらく力の向きは，式 (5.27) より y 軸に沿って負の向きであることがわかる。長さ l の導線にはたらく力の向きも一緒である。

一方，電流 I は単位時間あたりに断面 S を通り抜ける電気量であるので，
$$I = qnSv \tag{5.43}$$
が成り立つ。

よって，長さ l の導線にはたらく力の大きさ F_l は電流 I を用いて，
$$F_l = IlB \tag{5.44}$$
と表すことができる。力の向きは y 軸の負の向きを向く。一様磁場中に垂直におかれた電流にはたらく力の向きは，図 5.11(b) のようにフレミングの左手の法則 (Fleming's left hand rule) で与えられることが知られている。

(磁場中におかれた電流にはたらく力) 一般に，一様な磁場 $\boldsymbol{B}$ 中におかれた電流素片 $d\boldsymbol{s}$ に電流 I が流れている場合，電流素片 $d\boldsymbol{s}$ にはたらく力 $\boldsymbol{F}$ は次式，
$$\boldsymbol{F} = I(d\boldsymbol{s} \times \boldsymbol{B}) \tag{5.45}$$
で与えられ，これはローレンツ力に基づく。

---

5 章のまとめ

- 静磁場は磁荷により作られると考えることができる。**磁荷どうしにはたらく力はクーロンの法則に従う。**
- 定常電流は静磁場を生成する。大きさ I の電流が流れる電流素片 $d\boldsymbol{s}$ の周囲に作られる磁場 $d\boldsymbol{B}$ はビオ・サバールの法則に従う (式 (5.11) 参照)。
- 定常電流を囲む任意の閉ループ C の周りの磁場 $\boldsymbol{B}$ の循環は，閉ループを貫く電流の大きさ I を与える。これをアンペールの法則とよぶ (式 (5.21), (5.22) 参照)。
- 磁場 $\boldsymbol{B}$ 中にて電荷 q をもつ荷電粒子が速度 v で運動するとき，荷電粒子にはローレンツ力 $\boldsymbol{F}$ がはたらく (式 (5.27), (5.28) 参照)。これにより，磁場中におかれた電流には式 (5.45) で与えられる力がはたらくことになる。

問題

5.1 ビオ・サバールの法則を表す式 (5.11) を，クーロンの法則，およびローレンツ力を用いて導出せよ．

5.2 図 5.12 のように xy 平面に一辺の長さが $2a$ の正方形回路 abcd がおかれ，大きさ I の電流が abcda の向きに流れている．このとき回路から十分に遠い位置 $\boldsymbol{r}(x,y,z)$ にある点 P に作られる磁場 $\boldsymbol{B}$ を求めよ．

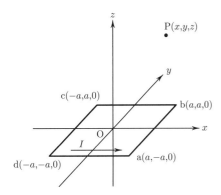

図 5.12 正方形の電流が作る磁場

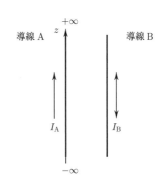

図 5.13 互いに平行におかれた無限に長い導線

5.3 図 5.13 のように，z 軸に沿って互いに平行におかれた無限に長い導線 A と B にそれぞれ大きさ I_A および I_B の電流が共に $-\infty$ から $+\infty$ へと流れている．このとき，導線にはたらく力の大きさおよび方向を求めよ．また，導線 B に流れる電流の方向が逆の場合も考察せよ．

5.4 図 5.14 のように，半径 r の中空筒型の導体の表面に大きさ I の電流が流れている．筒の内外にできる磁場 $\boldsymbol{B}$ を，アンペールの法則を用いて求めよ．

5.5 図 5.15 のように，一辺の長さが a の正方形回路 abcd が，z 軸の正の方向を向く一様な磁場 $\boldsymbol{B}$ 中におかれており，回路には大きさ I の電流が abcda の向きに流れている．回路 abcd の法線 $\boldsymbol{n}$ と磁場との成す角度が θ である場合，この回路にはたらく力のモーメント（トルク）$\boldsymbol{N}$ を求めよ．

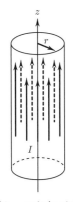

図 5.14 半径 r の中空の円筒形導線に流れる電流が作る磁場

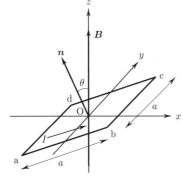

図 5.15 一様な磁場中におかれた正方形回路 abcd

6
時間変化する電磁場

これまで考えてきた電磁場は,固定された電荷,一定の電場,磁場,定常的な電流など,全て時間変化しないものであった。この章では電磁場が時間変化したとき,これまでとは本質的に異なる新しい現象が現れることを紹介する。ファラデーの電磁誘導の法則自体は高校で学んだ読者もおられよう。しかし「ファラデーの法則とローレンツ力の関係は何か?」との問いにすぐ答えられる読者は少ないのではあるまいか。本章ではこの問も含めてファラデーの法則の本質を学ぶ。

電磁誘導現象の応用として,コイルを含んだ回路において電流が時間とともに変動する場合について考察する。このように電流が時間変化する場合,アンペールの法則を修正することが求められる (マクスウェル–アンペールの法則)。本章で電磁気学の根幹をなす基本法則は全て出そろい,電磁気学の頂きに君臨するマクスウェル方程式へとつながっていく。

6.1 ファラデーの電磁誘導の法則

前章で電流が磁場を作ることを学んだ。ではその逆に磁場から電流を作ることはできるだろうか? これが可能であることを1831年,ファラデーが見いだした。このことは発電機の原理にも通じており,現代文明を支える極めて重要な現象である。ただし,磁場そのままで電流を生成できるかというと,そうではない。磁場の変化が電流を誘導するのである。このことを理解するために次のような実験を考えてみよう。

6.1.1 電磁誘導現象:ファラデーの法則

(a) 二種類のコイル A, B を並べおき,コイル A に一定の電流を流してもコイル B に電流は生じない (図 6.1(a))。しかし注意深く観測を行えば,コイル A に電流を流した瞬間,あるいは電流を切った瞬間にコイル B につないだ電流計の針が動いていることに気づくであろう (もっとよく観測すれば,電流を流した瞬間と切った瞬間とで電流計の針は逆方向に振れているはずだ)。

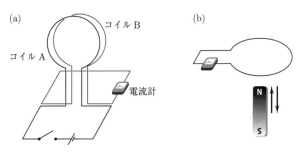

図 6.1 電磁誘導現象

(b) 今度は単一のコイルに永久磁石を近づけたり遠ざけたりしてみよう (図 6.1(b))。するとコイルにつないだ電流計の針は磁石の動きに合わせて動く。磁石の動きを速くすればそれだけ針の振れ幅も大きくなる (この場合も詳しく観測すれば，磁石を近づけるとき，遠ざけるときで電流計の針は逆方向に振れることに気づくだろう)。

こうしてコイルに流れた電流を誘導電流 (induction current) とよぶ。ただし，この誘導現象で直接的に誘導されるのは電流ではなく，起電力であり，それによりコイルに電流が生じていると理解する必要がある。この起電力を誘導起電力 (induced electromotive force) とよぶ。

以上のような実験をまとめて，ファラデーは次の結論にたどり着いた。

> (ファラデーの電磁誘導の法則)
> 磁束の変化がある場合は必ず起電力が生じている。

6.1.2 誘導電流の向き：レンツの法則

誘導電流の流れる向きについては，レンツが簡単な法則にまとめあげた。

> (レンツの法則)
> コイルに生じる誘導起電力は，それに伴う誘導電流の作る磁場が磁束の変化を妨げる向きに生じる。

これを先ほどの実験 (a), (b) の場合について考えてみよう。

(a′) コイル A に電流が流れた瞬間は，コイル B を貫く磁束は増える。「磁束の変化を妨げる」とはいまの場合，磁束を減らすことであり，コイル B はコイル A が作る磁場と逆向きの磁場を作ることでこれを実現する。すなわち，コイル B にはコイル A とは逆向きの誘導電流が流れる (図 6.2(a′))。一方，コイル A の電流を切った場合，コイル B を貫く磁束は減る。この変化を妨げるように，つまり磁束を増やすようにコイル B に誘導電流が流れるので，その向きはコイル A に流れていた電流と同じ向きになる。

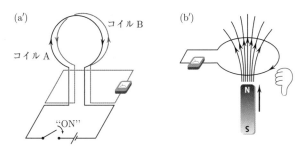

図6.2 誘導電流の向き

(b') 磁石のN極をコイルに近づけたとき，コイルを貫く磁束は増える。これを妨げるには，誘導電流が作る磁場が磁石と逆向きになればよい。したがって，誘導電流はコイルから磁石をみて時計回りに流れる。右手の規則に照らし合わせれば，親指をコイルからみた磁石の方向に向けたときの，親指以外の指の向きに誘導電流が流れる (図 6.2(b'))。反対にN極をコイルから遠ざけた場合はコイルを貫く磁束は減るので，先ほどの逆に誘導電流が流れる。

6.1.3 誘導起電力を求める

以上の誘導現象をノイマンは数式を使って次のように表した。

> (ファラデーの電磁誘導の法則，数式による表現)
> 閉径路 C を貫く磁束 Φ の時間変化と誘導起電力 $\mathcal{E}$ の間には次の関係が成り立つ。
> $$\mathcal{E} = -\frac{d\Phi(t)}{dt} \tag{6.1}$$
> このとき，磁束は次式で定義される*1。
> $$\Phi(t) = \int_S \boldsymbol{B}(\boldsymbol{r},t) \cdot \boldsymbol{n}(\boldsymbol{r}) \, dS \tag{6.2}$$

式 (6.1) で，負符号はレンツの法則を表現している。磁束の単位はウェーバー ($1\,\mathrm{Wb} = 1\,\mathrm{T} \cdot \mathrm{m}^2$) を用いており，曲面 S は閉曲線 C によって囲まれる曲面で，その単位法線ベクトルを $\boldsymbol{n}(\boldsymbol{r})$ とした (欄外図)*2。N 巻きコイルの場合は誘導起電力は N 倍に増強されて，

$$\mathcal{E} = -N\frac{d\Phi(t)}{dt} \tag{6.3}$$

となる。Wb=V·s であれば，上式右辺の単位は V で，確かに起電力の単位をもつことがわかる。

[例題 6.1] Wb が V·s であること

2.3 節では V=J/C であることをみた。一方，例題 5.2 から Wb=J/A であっ

*1 5.1.3 項でも述べたように，本書では磁束密度 $\boldsymbol{B}$ を磁場とよんでいる。他にも慣習的に $\boldsymbol{H}$ を磁場，あるいは磁場の強さとよぶこともある。真空中では両者は同じものであり，ここでもこのまま磁場 $\boldsymbol{B}$ を用いる。物質中では $\boldsymbol{H}$ を導入するのが便利であり，これは本書最後の 7.8 節で扱う。

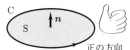

*2 法線ベクトルの向きは閉径路 C の方向と関係付けて定義する。まず C に沿った正の方向を "好きに" 定義する。この正方向に右手の親指以外を向けたとき，親指の方向を法線ベクトルの向きと約束する。こうすれば必ず式 (6.1) は正しい向きの誘導起電力を与える。

た。これらから Wb=V・s であることを示せ。ここで，クーロンとアンペアの間には次の関係がある：C=s・A。

[解] 問題文より，
$$\text{Wb} = \frac{\text{J}}{\text{A}} = \frac{\text{J}\cdot\text{s}}{\text{C}} = \text{V}\cdot\text{s} \tag{6.4}$$

[例題 6.2] 起電力の大きさを求める

1500 回巻きのコイルを貫く磁束が 1.0 秒あたり 1.0×10^{-3} Wb ずつ減少したとする。このときコイルに生じる起電力を求めよ。

[解] 式 (6.3) より，
$$|\mathcal{E}| = N\frac{\Delta\Phi}{\Delta t} = 1500 \times \frac{1.0\times10^{-3}(\text{Wb})}{1.0(\text{s})} = 1.5\text{V} \tag{6.5}$$

(ちょうど乾電池の電圧と同じである。)

[例題 6.3] 正方形コイルに生じる起電力

ファラデーの電磁誘導の法則を具体的な場合で考えてみよう。図 6.3 のように一辺の長さが a の正方形のコイルを $B(t) = \tilde{B}_0 t$ のように時間変化する一様な磁場中においたときを考える*。

* $\tilde{B}_0$ は (磁束密度)/(時間) の次元である。

(1) この正方形が磁場に対して垂直におかれていた場合，コイルに生じる誘導起電力を求めよ。
(2) この正方形の法線ベクトルと磁場との間の角が θ であった場合，コイルに生じる誘導起電力を求めよ。

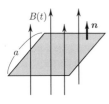

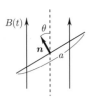

図 6.3 正方形コイルに生じる起電力

[解] (1) いまの場合，(6.2) で考える曲面 S はコイルによって囲まれる正方形に相当し，法線ベクトル $\boldsymbol{n}(\boldsymbol{r})$ は磁場に平行である。よって $\boldsymbol{B}(\boldsymbol{r},t)\cdot\boldsymbol{n}(\boldsymbol{r}) = B(t)$ となる。したがってコイルを貫く磁束は $\Phi(t) = \tilde{B}_0 a^2 t$ であり，これによる誘導起電力は (6.1) を用いて，
$$\mathcal{E} = -\tilde{B}_0 a^2 \tag{6.6}$$

(2) 法線ベクトルと磁場が θ の角をなす場合，
$$\boldsymbol{B}(\boldsymbol{r},t)\cdot\boldsymbol{n}(\boldsymbol{r}) = B(t)\cos\theta$$
となる。したがってコイルを貫く磁束は
$$\Phi(t) = B(t)a^2\cos\theta$$
である。このときの誘導起電力は
$$\mathcal{E} = -\tilde{B}_0 a^2 \cos\theta \tag{6.7}$$

6.1.4 運動するコイルに生じる起電力

ここまでは，コイルを固定してそこに加える磁場を変化させた。では磁場を固定してコイルを動かせばどうなるか？ たとえば先の実験 (b) の反対に，永久磁石を固定してコイルを近づけたり遠ざけたりしてみる。ここでも同じく電磁誘導の法則が成り立ち，式 (6.1) に従って誘導起電力が発生する。ガリレイの相対性原理によれば，「たがいに等速度で運動する座標系において自然法則は等しい」ので，どちらが動いているかは問題ではなく，相対的に同じ磁束変化であれば同じ結果になる。

[例題 6.4] 回転するコイルに生じる起電力：発電機の原理

大きさ B の一様な磁場の中に，一辺の長さ a の正方形コイルを辺の中心間を貫く軸のまわりに角速度 ω で回転させる。このときコイルに生じる誘導起電力を求めよ (図 6.4)。

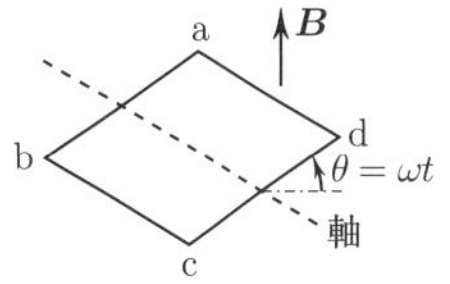

[解] 磁場とコイルの法線との間の角は $\theta = \omega t$ で与えられる (時刻 $t = 0$ で法線ベクトルと磁場が平行になるとした)。例題 6.3 より，コイルを貫く磁束は $\Phi(t) = Ba^2 \cos\omega t$ であり，そのときの誘導起電力は

$$\mathcal{E} = Ba^2 \omega \sin\omega t \tag{6.8}$$

となる。したがって，磁場中においてコイルを回転させることで電流を発生させることができる。いまの場合，電流は $\sin\omega t$ に比例するので，交流電流が発電される。

図 6.4 回転するコイルに生じる起電力

静止したコイルに磁石を近づける場合も，静止した磁石にコイルを近づける場合も，相対性原理に基づけば同じ結果になるべきであることはすでに述べた。コイルが運動している場合，上のファラデーの法則を用いた考え方の他に，ローレンツ力に基づいた別の考え方も可能である。

[例題 6.5] 回転するコイルに生じる起電力：ローレンツ力をもとに考える

例題 6.4 において，コイル中の荷電粒子 (電荷 $q > 0$) にはたらくローレンツ力を求め，そこから起電力を求めよ。

[解] 例題 6.4 の図 6.4 で，辺 ad 中の荷電粒子に注目してみる。この粒子にとっては，軸を中心に等速円運動を行っていることになる。まずその速度の大きさを求めてみよう。

角速度 ω で半径 r の円運動を行っている場合，時刻 t における位置座標は $(x, y) = (r\cos\omega t, r\sin\omega t)$ で与えられる。速度の x 成分，y 成分はそれぞれ

$$v_x = \frac{dx}{dt} = -r\omega\sin\omega t, \quad v_y = \frac{dy}{dt} = r\omega\cos\omega t$$

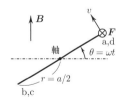

図 6.5 回転するコイルとローレンツ力

となるので，速度の大きさは $|v| = \sqrt{v_x^2 + v_y^2} = r\omega$ となる。ローレンツ力は $\boldsymbol{F} = q\boldsymbol{v} \times \boldsymbol{B}$ で与えられるので，いまの場合，辺 ad 中の荷電粒子にはたらく力の向きは d→a の方向で，その大きさは

$$F = \frac{qa\omega B}{2} \sin \omega t \tag{6.9}$$

この力を受けながら，粒子は d → a 方向に移動する。辺 ad 中の粒子になされる仕事は，(仕事 W) = (力 F) × (距離 x) であるから

$$W = Fa = \frac{qa^2\omega B}{2} \sin \omega t$$

である。起電力とは単位電荷になされる仕事の量であるので，辺 ad における起電力は上の仕事 W を電荷 q で割ることで次のように求まる。

$$\mathcal{E}_{\mathrm{ad}} = \frac{Ba^2\omega}{2} \sin \omega t \tag{6.10}$$

同様の起電力が辺 bc 中にもはたらく。辺 ab, cd 中の電子はコイルに垂直方向に力が働くため，電子の移動に伴う仕事はゼロである。以上のことより，コイル全体に生じる起電力は

$$\mathcal{E} = Ba^2\omega \sin \omega t \tag{6.11}$$

となり，例題 6.4 と同じ結果を得た。

このように，運動するコイルに生じる起電力は，ファラデーの電磁誘導の法則から導いても，ローレンツ力から導いても，同じ結論を与える。実際にやってみて明らかなように，前者の計算の方が簡単である。したがって通常はファラデーの電磁誘導の法則を用いて計算する。ではファラデーの電磁誘導の法則はローレンツ力を書き換えただけの法則かといえばそうではない。静止したコイルに生じる誘導起電力はローレンツ力から求めることは不可能である。つまり，ファラデーの電磁誘導の法則は，ローレンツ力とは異なる，本質的に新しい現象を内包している。

6.1.5 【発展】ファラデーの法則再考： 本質は電場と磁場の関係にあり

「磁束の変化があれば起電力が誘導される」としてファラデーの電磁誘導の法則を説明してきた。例題 6.5 でもみたように，起電力とは単位電荷になされる仕事の量であった。仕事は電荷にはたらく力に起因し，その力は $\boldsymbol{F} = q\boldsymbol{E}$ の関係からわかるように，電場の存在に因っている。この電場は**誘導電場** (induced electric field) ともよばれる。そこでファラデーの電磁誘導の法則を改めて誘導電場の観点から整理し直してみよう。

電荷 q_0 の仮想的な荷電粒子が半径 r の円軌道上に存在しているとする。この荷電粒子が誘導電場から力を受けて円軌道を一周する間に受ける仕事

は円軌道上の電場の大きさを E として (向きは円軌道の接線方向)

$$W = \int \boldsymbol{F} \cdot d\boldsymbol{s} = 2\pi r q_0 E \tag{6.12}$$

と表現することができる。ここで，$d\boldsymbol{s}$ は円軌道に沿った微小ベクトルである。起電力は単位電荷あたりの仕事であるので，$\mathcal{E} = W/q_0 = 2\pi r E$ となる。つまり，起電力は閉径路に沿った誘導電場の周回積分として与えることができる。この考え方をより一般的に次のように表すことができる。

$$\mathcal{E} = \oint_C \boldsymbol{E} \cdot d\boldsymbol{s} \tag{6.13}$$

式 (6.1), (6.2) と組み合わせて，電磁誘導の法則は次のように電場と磁場を直接関係づける式にまとめ直すことができる。

(ファラデーの電磁誘導の法則，電場と磁場の関係式)
磁場の時間変化があるところには必ず電場も存在する。両者の間には次の関係が成り立つ。

$$\oint_C \boldsymbol{E} \cdot d\boldsymbol{s} = -\int_S \frac{\partial \boldsymbol{B}(\boldsymbol{r},t)}{\partial t} \cdot \boldsymbol{n}(\boldsymbol{r}) \, dS \tag{6.14}$$

上の式で重要なことは，もはやコイルの存在は仮定されておらず，任意の閉径路で成り立っているということである。つまり，コイルの有無にかかわらず，変動する磁場があれば必ず任意の閉曲線まわりに電場が生じている，ということが電磁誘導現象の本質である。

5.4 節で学んだように，電荷にはたらく力は電場に起因するものと磁場に起因するものがあった。

$$\boldsymbol{F} = q\boldsymbol{E} + q\boldsymbol{v} \times \boldsymbol{B} \tag{6.15}$$

したがって，起電力には二種類の寄与があることが理解できる。すなわち，

$$\mathcal{E} = \frac{W}{q} = \frac{\oint_C \boldsymbol{F} \cdot d\boldsymbol{s}}{q} = \oint_C (\boldsymbol{E} + \boldsymbol{v} \times \boldsymbol{B}) \cdot d\boldsymbol{s} \tag{6.16}$$

右辺第 1 項は電場に起因する起電力，第 2 項はローレンツ力に起因する起電力を意味する。例題 6.3 のように，磁場中を運動するコイルによる起電力はまさにこの第 2 項に起因している。一方，本節で考えたような静止したコイルに生じる起電力は第 1 項に含まれる。誘導起電力という観点から電磁誘導現象を整理しようとすると，この二種類の区別がつきにくい。式 (6.16) のように，微視的な視点に立って起電力の中身を追究すれば，両者の区別が明確で，ローレンツ力とは異なる，新しい寄与が第 1 項から生まれていることに気づく。その新たな寄与こそがファラデーの見つけた電磁誘導現象の本質であり，それを的確に表現したのが式 (6.14) なのである。

6.2 コイルとインダクタンス

6.2.1 自己誘導現象

回路に N 巻きコイルと電球が並列につながれていたとする．スイッチが入っている間は，コイルにも電球にも同じ電流 I が流れる．次にスイッチを切るとどうなるか．スイッチを切ってしばらくの間には少し不思議な現象が起こる．

　スイッチを切る前はコイルに電流が流れていたので，コイル自身は電磁石となり，コイルの中にはある一定の磁束が存在している．スイッチを切れば当然電磁石でなくなるので，コイルの中の磁束も消失する．つまり，スイッチを切った瞬間から磁束が変化する．ファラデーの電磁誘導の法則から，この磁束の変化を妨げるように誘導起電力が生じ，その結果そのまましばらく電流が流れ続ける．この誘導電流のため，スイッチを切っても電球は光り続ける．この現象を**自己誘導** (self induction) とよぶ．

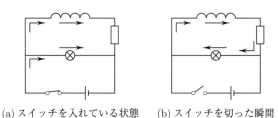

(a) スイッチを入れている状態　　(b) スイッチを切った瞬間

図 **6.6**　自己誘導現象

　では電球はそのまま光り続けるのか？　というと，そうでないことは容易に予想がつくであろう．十分時間が経った後では，単にスイッチの切れた回路であるから，当然電球は光らない．とすれば，「ある程度」の時間だけ電球は光っているはずで，それはどのくらいの時間なのか？　その時間は何に依存しているのか？　電球の光っている時間をできる限り長くしたければ，どうすればよいのか？　興味は尽きない．本節ではこうした素朴な疑問を一つずつ解き明かしていく．

6.2.2 インダクタンス (自己誘導係数)

N 巻きコイルに電流 I が流れていたとする．コイルを貫く磁束 $N\Phi$ は電流 I に比例しているはずなので，その比例係数を L で表せば，

$$N\Phi = LI \tag{6.17}$$

の関係が成り立つ．この比例係数 L を**自己インダクタンス** (self-inductance)，あるいは**自己誘導係数**とよぶ．コイルに流れる電流が時間変化すれば，磁束も時間変化する．式 (6.3) より，誘導起電力と電流の関係は

$$\mathcal{E} = -L\frac{dI(t)}{dt} \tag{6.18}$$

として与えられる．

[例題 6.6] インダクタンスの単位

インダクタンスの定義 (6.17) から，インダクタンスの単位を求めよ．

[解] 磁束の単位は SI 単位系では $\mathrm{T \cdot m^2}$ であり，電流の単位は A なので，インダクタンスの単位は $\mathrm{T \cdot m^2/A}$ で与えられる．

この単位のことをヘンリー (H) とよぶ*：
$$1\mathrm{H} = 1\mathrm{T \cdot m^2/A} \tag{6.19}$$

[例題 6.7] ソレノイドの自己インダクタンス

単位長さあたり n 回導線を巻いた十分に長い (長さ l, 断面積 S) ソレノイドコイルの自己インダクタンスを求めよ．

[解] 例題 5.8 で見たように，十分長いソレノイドに電流 I を流したとき，ソレノイド中の磁場は $B = \mu_0 n I$ で与えられる．したがって，1 巻き分のコイルを貫く磁束は $\Phi = BS = \mu_0 n S I$ となる．ソレノイド全体の巻き数は $N = nl$ であることから，ソレノイドの自己インダクタンスは (6.17) より

$$L = \mu_0 n^2 l S \tag{6.20}$$

と求まる．

* 電磁誘導現象を初めて発見したのは実はヘンリーであったといわれる．ヘンリーは 1830 年の段階で電磁誘導を発見していたが，論文を書くのが遅かった．論文としては独立に研究を進めていたファラデーの方が早く，1831 年のことである．ヘンリーの研究は 1832 年になって論文として発表された．こういう経緯から，電磁誘導現象の発見者はファラデーとするのが一般的である．

上の例題から μ_0 の次元を確認できる．n は単位長さあたりの巻き数であったので，n が (1/長さ) であることに注意すると，μ_0 は自己インダクタンスを長さで割った次元をもつことがわかる．5 章で導入した μ_0 の定義を変形すると，

$$\mu_0 = 4\pi \times 10^{-7} \frac{\mathrm{N}}{\mathrm{A}^2} = 4\pi \times 10^{-7} \frac{\mathrm{T \cdot m}}{\mathrm{A}} = 4\pi \times 10^{-7} \frac{\mathrm{H}}{\mathrm{m}} \tag{6.21}$$

となって，確かに μ_0 は自己インダクタンスを長さで割った次元であることが確認できる．

6.2.3 RL 回路

自己インダクタンス L のコイル，抵抗 R，電圧 V の直流電源が直列につながった回路 (図 6.7) を考えてみよう．図の矢印方向を電流の正の方向にとる．電流が時間とともに増加する場合，コイルに生じる誘導起電力はこれを妨げようと逆向きに生じる．電流が減少する場合は，これを保とうと電流の正の方向に誘導起電力が生じる．いずれの場合も

$$\mathcal{E} = -L \frac{dI(t)}{dt} \tag{6.22}$$

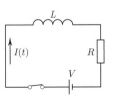

図 6.7 RL 回路

で表現できる (L は定義より常に正にとる)。$V + \mathcal{E}$ が回路全体の起電力になっているとみなすことができるので，

$$V - L\frac{dI(t)}{dt} = RI(t) \tag{6.23}$$

の関係が成り立つ。V, L, R はそれぞれ定数なので，これは $I(t)$ についての微分方程式である。

[例題 6.8] RL 回路を解く：スイッチを入れた場合

先ほどの回路についての微分方程式を変形した，次の微分方程式を解け。

$$\frac{dI(t)}{dt} = -\frac{R}{L}I(t) + \frac{V}{L} \tag{6.24}$$

ただしスイッチを入れたときのことを想定して，初期条件は $I(0) = 0$ とすること。

[解] 解くべき微分方程式は $y' = ay + b$ の形をしており，これは変数分離して解くことができる*。いまの場合，$y \to I(t), x \to t, a \to -R/L, b \to V/L$ であるので，

$$I(t) = -\frac{L}{R}\left(C'e^{-\frac{R}{L}t} - \frac{V}{L}\right) = \frac{V}{R}\left(1 - C'\frac{L}{V}e^{-\frac{R}{L}t}\right) \tag{6.25}$$

となる。初期条件 $I(0) = 0$ より，

$$C' = \frac{V}{L} \tag{6.26}$$

以上より，

$$I(t) = \frac{V}{R}\left(1 - e^{-\frac{R}{L}t}\right) \tag{6.27}$$

となる。

* 式 (6.25) の導出には次の関係を用いるとよい。
$$\frac{1}{ay + b}\frac{dy}{dx} = 1$$
としてから，両辺を x で積分する。
$$\int \frac{dy}{ay + b} = \int dx + C$$
$$\Rightarrow \frac{1}{a}\ln|ay + b| = x + C$$
これより，
$$y = \frac{1}{a}\left(C'e^{ax} - b\right)$$
を得る。定数 $C' = e^{aC}$ は初期条件から求める。

例題 6.8 の解を少し詳しく見てみよう (図 6.8)。まず $t = 0$ の場合，(6.27) 右辺の括弧内がゼロとなって $I(0) = 0$ となり，確かに初期条件を満たしている。次に十分時間が経った場合，$t \to \infty$ とすれば，指数関数部分はゼロとなり，$I(\infty) = V/R$ に漸近する。これはコイルを無視した抵抗だけの回路の電流値に等しい。

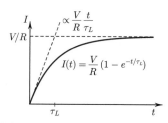

図 6.8 RL 回路を流れる電流の時間変化 (スイッチを入れたとき)

スイッチを入れた瞬間からしばらくの間は電流は V/R を目指して上昇を続ける.「しばらくは」という表現を用いたが,具体的にどのくらいの時間かは

$$\tau_L = \frac{L}{R} \tag{6.28}$$

で定義される時定数 τ_L を考えるとわかりやすい*.これを用いると $I(t)$ は

$$I(t) = \frac{V}{R}\left(1 - e^{-t/\tau_L}\right) \tag{6.29}$$

となる.時刻 $t = \tau_L$ では指数関数部分は $e^{-1} = 0.367879\cdots$ となるので,電流は $I(\tau_L) \simeq 0.63(V/R)$ となる.つまり,τ_L は電流が最大値の約 63% に到達するまでの時間である.$t \lesssim \tau_L$ の電流の挙動を調べるためには,テイラー展開 $e^{-ax} \simeq 1 - ax$ を用いればよい.

$$I(t) \simeq \frac{V}{R}\left(\frac{t}{\tau_L}\right) \tag{6.30}$$

からわかるように,スイッチを入れてしばらくは時間に比例して電流が増加する.その比例係数は $V/R\tau_L = V/L$ で与えられる.時定数 τ_L は,このように電流の挙動が時間に比例している領域から一定値に漸近する領域へと変化する目安にもなる.

* L/R は時間の次元をもっていることを意識しておこう.このことはインダクタンスの単位が $\mathrm{T \cdot m^2 \cdot A^{-1}}$ で抵抗の単位が Ω であることからも明らかである.

$$1\frac{\mathrm{T \cdot m^2 \cdot A^{-1}}}{\Omega}$$
$$= 1\frac{\mathrm{kg \cdot s^{-2} A^{-1} m^2 A^{-1}}}{\mathrm{kg \cdot m^2 \cdot s^{-3} \cdot A^{-2}}}$$
$$= 1\mathrm{s}$$

[例題 6.9] **RL 回路を解く:スイッチを切った場合**

この節の初めにも考察した回路 (図 6.9,コイルのインダクタンスは L,抵抗は R) について,スイッチを切った時刻を $t = 0$,そのとき流れていた電流値は $I(0) = V/R$ とし,電流の時間変化を求めよ.

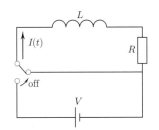
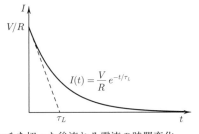

図 6.9 別の RL 回路とスイッチを切った後流れる電流の時間変化

[解] スイッチを切った後では,閉回路にはコイルと抵抗が直列につながれているだけである.したがって,式 (6.24) で $V = 0$ とした

$$\frac{dI(t)}{dt} = -\frac{R}{L}I(t) \tag{6.31}$$

が解くべき微分方程式である.例題 6.8 で $b \to 0$ とした場合に相当するので,この微分方程式の解は $I(t) = -\frac{L}{R}C'\exp[-\frac{R}{L}t]$ である.初期条件 $I(0) = V/R$ から,$C' = -V/L$ となるので,最終的に

$$I(t) = \frac{V}{R}e^{-t/\tau_L} \tag{6.32}$$

を得る。ここで $\tau_L = L/R$ を用いた。しばらくの間 $(t \lesssim \tau_L)$ は，

$$I(t) \simeq \frac{V}{R}\left(1 - \frac{t}{\tau_L}\right) \tag{6.33}$$

のように時間に比例して減少し，ある程度 $(t \gtrsim \tau_L)$ 時間が経てば電流はゼロに漸近する (図 6.9)。

例題 6.9 により，本節初めの疑問は全て明らかにされた。電球が光り続けることができる時間の目安は，$\tau_L = L/R$ で与えられるので，コイルのインダクタンスと抵抗によってきまる。電球の光っている時間をできる限り長くしたければ，コイルのインダクタンスを大きくする，あるいは抵抗を小さくすればよい。電流は指数関数的に減少し，$t = \tau_L$ を超えればほとんど電流は流れなくなる。

6.2.4 相互インダクタンス

今度は本章初めに考察した，N_1 巻き，N_2 巻き 2 種類のコイルを並べおいた場合について詳しく調べてみよう。基本的にはコイルが一つのときの自己誘導現象と同じように考えることができる。コイル 1 に電流 I_1 を流したとする (図 6.10(a))。コイル 2 を貫く磁束 $N_2\Phi_2$ は電流 I_1 に比例するはずなので，その比例係数を M_{21} で表せば，

$$N_2\Phi_2 = M_{21}I_1 \tag{6.34}$$

の関係が成り立つ。この比例係数 M_{21} を**相互インダクタンス** (mutual inductance)，あるいは**相互誘導係数**とよぶ。この定義は，自己インダクタンスの (6.17) と対照を成している。

コイルに流れる電流が時間変化すれば，磁束も時間変化する。コイル 2 に生じる誘導起電力と電流の関係は

$$\mathcal{E}_{21} = -M_{21}\frac{dI_1(t)}{dt} \tag{6.35}$$

として与えられる。

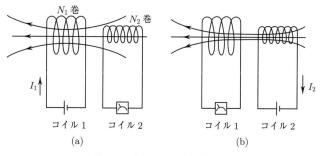

図 6.10　相互インダクタンス

コイル1と2の電源と検流計を入れ替えて，お互いの役割を交換する (図6.10(b))。コイル1を貫く磁束 $N_1\Phi_1$ とコイル2に流れる電流 I_2 の間の比例係数を今度は M_{12} として，

$$N_1\Phi_1 = M_{12}I_2 \tag{6.36}$$

の関係が成り立つ。この場合の相互インダクタンスの定義は

$$M_{12} = \frac{N_1\Phi_1}{I_2} \tag{6.37}$$

である。コイル1に生じる誘導起電力も全く同じようにして，

$$\mathcal{E}_{12} = -N_1\frac{d\Phi_1(t)}{dt} = -M_{12}\frac{dI_2(t)}{dt} \tag{6.38}$$

全てにおいて $1 \leftrightarrow 2$ の入れ替えを行ったにすぎない。

ここで登場した相互インダクタンス M_{12} と M_{21} は非常に似通った定義式で与えられているが，式 (6.34) と (6.36) を一見したところは全く同じというようにも見えない。しかし実は両者の間には

$$M_{12} = M_{21} = M \tag{6.39}$$

の関係が厳密に成り立つことを示すことができる (証明は少し混みいっているのでここでは示さない)。これを相互インダクタンスの**相反定理** (reciprocity theorem) という*。

* 相反定理は，相互インダクタンスに関するものにとどまらず，力学，電磁気学，熱力学，光学等，物理学の広い分野に通じる重要な定理である。こうした様々な現象で見られる相反定理は，多くの場合，運動法則の可逆性と密接に関係している。

6.2.5 相互誘導現象の応用：変圧器

電気が遠い発電所から我々の元に届く間に，多くの電気量がジュール熱となって損失している。ジュール熱は基本的に RI^2 に比例しており，電流を小さくすることで損失を抑えることができる。したがって，発電された電気は高電圧かつ低電流に変換してから送電することが望まれる。そのときに活躍する変圧器はまさに誘導現象を応用したものである。

[例題 6.10] 変圧器の原理

図6.11のようにドーナツ上の鉄心に1次コイル (巻き数 N_1) と2次コイル (巻き数 N_2) を巻いた。それぞれのコイルで生じる磁束は損失することなく他方のコイルに入るものとし，コイル自身の抵抗は無視できるとする。1次コイルに交流電圧 V_1 を加えた場合に2次コイルに生じる誘導起電力 $\mathcal{E}_2$ を求めよ。

[解] コイル自身の抵抗が無視できるとすれば，外から加える交流電圧 V_1 と1次コイルで生じる誘導起電力 $\mathcal{E}_1$ はつりあっていなければならない。したがって $V_1 + \mathcal{E}_1 = 0$ となる。この誘導起電力と鉄心を貫く磁束 $\Phi(t)$ の関係は，ファラデーの電磁誘導の法則より，

$$\mathcal{E}_1 = -N_1\frac{d\Phi(t)}{dt}$$

である。一方で，この磁束変化はそのまま2次コイルでの起電力を生む。

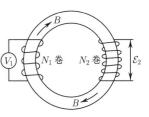

図**6.11** 変圧器の原理

$$\mathcal{E}_2 = -N_2 \frac{d\Phi(t)}{dt}$$

以上の関係をまとめると，

$$\frac{d\Phi(t)}{dt} = -\frac{\mathcal{E}_1}{N_1} = \frac{V_1}{N_1} = -\frac{\mathcal{E}_2}{N_2} \tag{6.40}$$

となる．最終的に，1次コイルに加える電圧と2次コイルに生じる起電力の間には

$$\left|\frac{\mathcal{E}_2}{V_1}\right| = \frac{N_2}{N_1} \tag{6.41}$$

の関係が成り立つ．

このことを利用すれば，1次コイルと2次コイルの間で電圧を変換することができる．すなわち，1次コイルに比べて2次コイルの電圧を高くしたい場合は $N_2 > N_1$ とすればよいし，2次コイルの電圧を低くしたい場合は $N_2 < N_1$ とすればよい．

6.3 磁場のエネルギー

4.3節では，コンデンサーが電場のエネルギーを蓄えることを見た．一方，コイルは磁場のエネルギーを蓄えることができる．たとえば例題6.9で見たように，電源を切った後も電流が流れ続けるのは，それ以前にコイルにエネルギーが蓄えられており，それが放出されている，と理解することもできる．

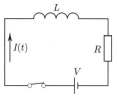

図 6.12 RL 回路

例題6.8でもとりあげた回路 (図6.12) を再考する．コイルがない場合には電流は瞬間的に流れるのに対し，すでに見たようにコイルがある場合には電流は $I(0) = 0$ から徐々に (およそ時間 $\tau_L = L/R$ の間に) 増える．この間，生じる誘導起電力に打ち勝つために，コイル部分に加えるべき電位差は

$$V(t) = L\frac{dI(t)}{dt} \tag{6.42}$$

であり，ここを時間 Δt の間に $I(t)\Delta t$ の電荷が移動するので，外部から加える仕事は

$$\Delta W = V(t)I(t)\Delta t = LI(t)\Delta I(t) \tag{6.43}$$

である．ここで $dI(t)/dt = \Delta I(t)/\Delta t$ としてある．したがって，電流を0から I まで増加させるのに必要な仕事は

$$W = L\int_0^I I'dI' = \frac{1}{2}LI^2 \tag{6.44}$$

ということになる*．この仕事は回路中にコイルがあったために生じた「余分」な仕事であり，その仕事量と同じだけのエネルギーがコイルに蓄えられる．

* 式 (6.44) の被積分関数中の時間依存性はどこにいったのか？ という疑問をもたれる読者もあろう．もちろん I は時間依存しているので $I(t)$ と書いてもよい．この時間依存性をも含んだ上で I で積分しているのである (そういう意味では $dI(t)$ と書くべきか)．その直前の式で積分変数を t から I へうまく変換しているのであって，積分変数を t のままで同様の議論をすることもできる (章末問題6.6参照)．

[例題 6.11] ソレノイドに蓄えられる磁場のエネルギー

十分に長いソレノイドコイル (長さ l, 断面積 S, 単位長さあたり n 巻) に蓄えられる単位体積あたりのエネルギーとソレノイドコイル中の磁場 B の関係を求めよ。

[解] 例題 6.7 で見たように,ソレノイドコイル中の磁場は $B = \mu_0 nI$, 自己インダクタンスは $L = \mu_0 n^2 lS$ であったので,上の関係 $W = LI^2/2 \equiv U_B$ を用いて,単位体積あたりのエネルギー $u_B = U_B/lS$ は

$$u_B = \frac{1}{2lS}LI^2 = \frac{1}{2\mu_0}B^2 \tag{6.45}$$

と与えられる。

(磁場のエネルギー)
自己インダクタンス L をもつコイルに電流 I が流れる間に蓄えられるエネルギーは

$$U_B = \frac{1}{2}LI^2 \tag{6.46}$$

である。また磁場 B は単位体積あたり

$$u_B = \frac{1}{2\mu_0}B^2 \tag{6.47}$$

のエネルギーを蓄えていると考えることができる。このエネルギーを特に**磁場のエネルギー**とよぶ。

6.4 LCR 回路

6.4.1 LC 回路

本章で学んだコイルと 4.2 節で学んだコンデンサーを組み合わせてみよう。図 6.13 のような回路を考える。まずはじめに電源とキャパシタンス C のコンデンサーだけをつないで電荷が $\pm Q$ になるまで電場のエネルギーを蓄えておく。次にスイッチを切り替えて,自己インダクタンス L のコイルとコンデンサーだけの回路に換える。何がおこるだろうか。読者にはまず,これまでに学んだことの復習として,また理解度の確認として,この後回路におこることを想像してみて欲しい。

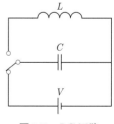

図 6.13 LC 回路

結果は次の通りである。

(1) 回路をつなぎ換えた直後から,コンデンサーに溜まっていた電荷が回路を流れ出す。つまり,電流が生じる。電流が増加すればコイルでは逆向きの誘導起電圧を生じるので,時定数ほどの時間をかけながら電流は増え続

ける。

(2) 以前の RL 回路のように，この電流は一定値に漸近していくのではなく，コンデンサーに溜まっていた電荷がなくなれば電流は最大値に達する。

(3) コンデンサーの電荷がなくなってしまえば，電流は直ちに流れなくなるかといえば，そうではない。レンツの法則よりコイルは瞬間的な変化を滑らかな変化にする。つまり，今度は正の向きに誘導電場が生じて，電流は弱まりながら流れ続ける。その結果，コンデンサーには先ほどと反対の極性で電荷が蓄えられる。

(4) 減少していた電流がちょうどゼロになったとき，コンデンサーにはまた元の電荷 Q が逆の極性で蓄えられている。したがって，この次は先ほどと同じ現象が向きを反対にして繰り返される。

このように LC 回路では，電流が周期的に向きを換えながら (理想的には) 電荷の行き来が繰り返される。この現象を**電磁振動** (electromagnetic oscillation) あるいは**電気振動** (electric oscillation) とよぶ。

[例題 6.12] LC 回路を解く

自己インダクタンス L の N 巻コイルとキャパシタンス C のコンデンサーを直列につないだ LC 回路について，はじめコンデンサーに電荷 Q_0 を与えたときの電流 $I(t)$，コイル一巻きあたりを貫く磁束 $\Phi(t)$，誘導起電力 $\mathcal{E}(t)$，コンデンサーの電荷 $Q(t)$ の時間変化を求めよ。また，コンデンサーにおける電場のエネルギー $U_E(t)$，コイルにおける磁場のエネルギー $U_B(t)$ についても時間変化を調べよ。

[解] コイルの電位差は $-L(dI(t)/dt)$，コンデンサーの電位差は $Q(t)/C$ で，全ての時刻において両者がつり合っているので，

$$-L\frac{dI(t)}{dt} = \frac{Q(t)}{C}$$

が成り立っている。電流は電荷の時間変化 $I(t) = dQ(t)/dt$ であることを思い出せば，

$$L\frac{d^2Q(t)}{dt^2} = -\frac{Q(t)}{C} \tag{6.48}$$

である。この微分方程式は簡単に解けて ([注] 参照)，$Q(0) = Q_0$ を考慮すると，

$$Q(t) = Q_0 \cos\omega t \tag{6.49}$$

となる。ここで角周波数は $\omega = 1/\sqrt{LC}$ で与えられる。電流は電荷を時間微分して

$$I(t) = -Q_0\omega\sin\omega t \tag{6.50}$$

となる。コイルの磁束は自己インダクタンスの定義より，

$$N\Phi(t) = -Q_0\sqrt{\frac{L}{C}}\sin\omega t \tag{6.51}$$

そのときの誘導起電力は

$$\mathcal{E}(t) = -N\frac{d\Phi}{dt} = \frac{Q_0}{C}\cos\omega t \tag{6.52}$$

電場と磁場のエネルギーはそれぞれ $U_E = Q^2/2C$, $U_B = LI^2/2$ で与えられるので，

$$U_E(t) = \frac{Q_0^2}{2C}\cos^2\omega t, \quad U_B(t) = \frac{Q_0^2}{2C}\sin^2\omega t \tag{6.53}$$

であることがわかる。なお，両者を足しあわせると $U_\text{tot} = Q_0^2/2C$ となり，これは最初にコンデンサーに与えられた電場のエネルギーに他ならず，エネルギーは時間に依存せずに保存されていることがわかる。

以上をグラフにまとめれば図 6.14 のようになる。(1)〜(4) は前の説明の番号と対応している。

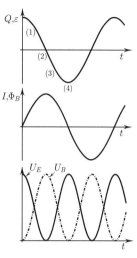

図 **6.14** LC 回路の電磁振動

> [注] 式 **(6.48)** の簡単な考え方：2 回微分すると係数 $-1/LC$ がついて元の関数形に戻る，という形である。そのような形は三角関数 $\sin\omega t$ か $\cos\omega t$ である。いま $t=0$ で有限の値 Q_0 であるので，自ずと $\cos\omega t$ が選ばれる ($\sin\omega t$ だと $t=0$ でゼロになるので)。実際に $\cos\omega t$ を t で 2 階微分してみると，係数に $-\omega^2$ がつくことから，$\omega = 1/\sqrt{LC}$ になることがわかる。

上の例題で見たように，電流は確かに振動し，エネルギーはコイルとコンデンサーとを行き来していることがわかる。それだけではなく，ここで登場した微分方程式 (6.48) は『基礎物理学 力学』の 4.2 節で扱った単振動の運動方程式

$$m\frac{d^2x}{dt^2} = -kx \tag{6.54}$$

と全く同じである (m は質量，k はばね定数，x はつり合いの位置を基準とした座標である)。したがって，LC 回路と単振動の間には次のような対応関係がある。

$$(電荷)\,Q \iff x\,(位置) \tag{6.55}$$

$$(インダクタンス)\,L \iff m\,(質量) \tag{6.56}$$

$$(電気容量)\,1/C \iff k\,(ばね定数) \tag{6.57}$$

また，電場と磁場のエネルギーの間のやり取りは，運動エネルギーと位置エネルギーのやり取りに対応する。LC 回路中を流れる電荷の振動現象は，ばねにぶら下げたおもりが上下に振動する運動を思い起こせばイメージしやすく，理解も深まる。

このように数学を用いて物理現象を理解すれば，単に定量的な予測ができるというだけでなく，電磁現象と力学現象が本質的に関連していることまでが浮かび上がってくる。一見異なる現象どうしが，数学を介して予期せぬ関連性で

6.4.2 LCR 回路

前項で，LC 回路では電気振動現象が起こることを見た．コイル等での電気抵抗が生じない理想的な場合には，この振動は永遠に続くが，実際には必ず有限の抵抗がある．この抵抗の効果が，具体的にどのような影響を及ぼすのかを考えてみよう．

[例題 6.13] LCR 回路を解く

自己インダクタンス L のコイル，キャパシタンス C のコンデンサーおよび抵抗 R が直列につながっている場合を考える．初めにスイッチを開いた状態でコンデンサーに Q_0 の電荷を与え，時刻 $t=0$ でスイッチを閉じたときの電荷 $Q(t)$ および電流 $I(t)$ の時間変化を求めよ．ただし，$R^2 < 4L/C$ の関係を満たしているとする．

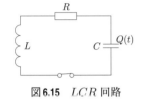

図 6.15 LCR 回路

[解] 回路全体では
$$-L\frac{dI(t)}{dt} = \frac{Q(t)}{C} + RI(t)$$
の関係式が成り立つ．これに $I(t) = dQ(t)/dt$ を代入して
$$L\frac{d^2Q(t)}{dt^2} + R\frac{dQ(t)}{dt} + \frac{Q(t)}{C} = 0 \tag{6.58}$$
が解くべき方程式である．$p = R/L$, $q = 1/LC$ を用いてさらに整理すると
$$\frac{d^2Q(t)}{dt^2} + p\frac{dQ(t)}{dt} + qQ(t) = 0 \tag{6.59}$$
となり，これは一般に定数係数二階線形微分方程式とよばれる．

抵抗 R のない場合の解は $Q(t) = e^{\lambda t}$ の形をとることから，これを上の微分方程式に代入してみる．その結果
$$(\lambda^2 + p\lambda + q)e^{\lambda t} = 0 \tag{6.60}$$
が得られる．したがって，λ が $\lambda^2 + p\lambda + q = 0$ を満たしていれば，確かに $Q(t) = e^{\lambda t}$ が解になっていることになる．(6.60) のような方程式を特性方程式とよぶ．

特性方程式の解は $p^2 - 4q$ の正負で性質が異なるが，いまの場合，
$$p^2 - 4q = (R^2 - 4L/C)/L^2 < 0$$
であるので，このとき λ は $\lambda_\pm = -p/2 \pm i\gamma$ となる．ここで $\gamma = \sqrt{4q - p^2}/2$ である．以上より，微分方程式 (6.59) の解は一般に 2 つの解 $e^{\lambda_+ t}$ と $e^{\lambda_- t}$ の線形結合で与えられて，
$$Q(t) = Ae^{(-p/2+i\gamma)t} + Be^{(-p/2-i\gamma)t} \tag{6.61}$$

となる*1。これはオイラーの公式 $e^{i\theta} = \cos\theta + i\sin\theta$ を用いると，
$$Q(t) = e^{-pt/2}(C\cos\gamma t + D\sin\gamma t) \tag{6.62}$$
$$C = A+B, \quad D = i(A-B)$$
とも書き表せる。このとき電流は
$$I(t) = e^{-pt/2}\left[-\frac{p}{2}(C\cos\gamma t + D\sin\gamma t) + \gamma(-C\sin\gamma t + D\cos\gamma t)\right] \tag{6.63}$$
初期条件 $Q(0) = Q_0, I(0) = 0$ より，
$$C = Q_0, \quad D = pQ_0/2\gamma$$
が求まる。以上をまとめると最終的に，
$$Q(t) = Q_0 e^{-\frac{R}{2L}t}\left(\cos\omega' t + \frac{R}{2L\omega'}\sin\omega' t\right) \tag{6.64}$$
$$I(t) = -\frac{Q_0}{LC\omega'}e^{-\frac{R}{2L}t}\sin\omega' t \tag{6.65}$$
$$\omega' = \sqrt{\frac{1}{LC} - \left(\frac{R}{2L}\right)^2} \tag{6.66}$$
を得る (実際に解を元の微分方程式に代入して確かめてみよ。関数の積の微分であることに注意*2)。

$Q(t)$ と $I(t)$ の時間依存性は，たとえば図 6.16 のようになる。

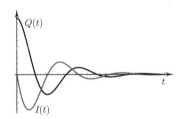

図6.16 LCR 回路を流れる電流と電荷の時間依存性

*1 電荷 Q は実数であるべきである。この要請を満たすために，B は A の複素共役になっている必要がある。同様の理由から，C と D はともに実数である。より詳しくは『基礎物理学 力学』4.2.3 を参照のこと。

*2 より詳しい解法は『基礎物理学 力学』4.3 節を参照のこと。

上の例題の結果からまずわかることは，電荷や電流の振動を表す三角関数の係数に $e^{-Rt/2L}$ が付け加わっているということである。つまり，電荷や電流は振動しながらも急速に減衰する。このことは微分方程式 (6.58) が『基礎物理学 力学』の 4.3 節で扱った減衰振動の運動方程式
$$m\frac{d^2x}{dx} + \gamma\frac{dx}{dt} + kx = 0 \tag{6.67}$$
と全く同じ形をしていることからもうなづける (γ は粘性抵抗の係数)。つまり，先ほどの (6.55)–(6.57) の対応関係に加えて，
$$R \Longleftrightarrow \gamma \tag{6.68}$$
の対応がつく。これは電気抵抗と粘性抵抗の対応なのでわかりやすい。なお，エネルギーは抵抗において熱エネルギーとなって散逸するので，全体のエネル

ギーは保存せず，減衰してやがてゼロになる。

また，角振動数 ω' は抵抗のない場合の $\omega = 1/\sqrt{LC}$ に比べて必ず小さくなっていることもわかる。言い換えれば，振動の周期 $T = 2\pi/\omega'$ が抵抗のないときに比べて必ず長くなる (ただし，$R \ll L$ の場合は振動の周期はほぼ変化しないとみなせる)。

6.5 マクスウェル–アンペールの法則

これまでに見てきたように，電流 $I(t)$ は時間に対して変化しうる。そのような非定常電流の場合，5章で学んだアンペールの法則をそのまま適用すると，以下で見るようにおかしなことが起こる。

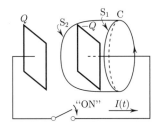

図6.17 導線がない場合のアンペールの法則は？

図 6.17 のように，コンデンサーに電荷 $\pm Q$ を与え，スイッチを閉じたとき，導線に非定常電流 $I(t)$ が流れたとする。ここで "定常電流に対する" アンペールの法則

$$\oint_C \boldsymbol{B} \cdot d\boldsymbol{s} = \mu_0 I \tag{6.69}$$

を考えてみる。ここでの右辺は閉径路 C で囲まれた曲面を貫く電流の総量であった。はじめにこの曲面として導線を横切る曲面 S_1 を考えてみると，S_1 を貫く電流の総量は I で，右辺は $\mu_0 I$ である。次に導線を横切らない曲面 S_2 を考えてみる。この曲面も径路 C で囲まれていることに変わりはないので，左辺は S_1 の場合と同じである。しかし S_2 を貫く電流は存在しないので，右辺は 0 となってしまい，明らかに矛盾が生じる。

この矛盾を解消するために，マクスウェルは**変位電流** (displacement current) $I_d(t)$ なるものを導入し*，アンペールの法則を非定常の場合に拡張した。拡張されたアンペールの法則は，「**電場 (電束) の時間変化は電流と同じはたらきをする**」ことを意味している。

> * マクスウェルは真空でも "エーテル" が満たされており，このエーテルの電気変位が電流となって伝わると信じていた。そのため，"変位電流" という名前がいまでも残っているが，現在ではエーテルの存在は否定されている。

(マクスウェル–アンペールの法則)
閉径路 C を縁にもつ曲面を貫く電流の総量として，導線を流れる伝導電流 $I(t)$ の他に変位電流 $I_d(t)$ の寄与も考えあわせる。その総量と磁場の間に次の関係が成り立つ。

$$\oint_C \boldsymbol{B}(\boldsymbol{r},t) \cdot d\boldsymbol{s} = \mu_0 \left[I(t) + I_\mathrm{d}(t) \right] \tag{6.70}$$

ここで変位電流 $I_\mathrm{d}(t)$ は

$$I_\mathrm{d}(t) = \varepsilon_0 \frac{d\Phi_E(t)}{dt} \tag{6.71}$$

$$\Phi_E(t) = \int_S \boldsymbol{E}(\boldsymbol{r},t) \cdot \boldsymbol{n}(\boldsymbol{r})\, dS \tag{6.72}$$

として定義される。

　この変位電流の定義は，電磁誘導の法則と磁束の関係 (6.1), (6.2) に似ている。たとえば伝導電流 I の寄与を無視すると，式 (6.70) の関係はファラデーの法則 (6.14) において電場と磁場を入れ替えたものに (符号を除いて) 対応している。

　変位電流は，実体のある電流が流れているわけではない。伝導電流密度 $\boldsymbol{j}(\boldsymbol{r},t)$ に対応しているのは $\boldsymbol{j}_\mathrm{d}(\boldsymbol{r},t) = \varepsilon_0 \{\partial \boldsymbol{E}(\boldsymbol{r},t)/\partial t\}$ であり，電場の時間変化が電流のような寄与を及ぼすと考えればよい。

[例題 6.14] コンデンサー中の磁場

図 6.18 のように半径 R の円形の極板をもつコンデンサーを考える。極板に電荷 Q を充電した後，放電させたとき矢印の方向に電流 $I(t)$ が流れた。このとき極板間に生じる磁場の大きさと $I(t)$ との関係を求めよ。ただし極板は十分大きく，極板間の電場は一様であるとする。

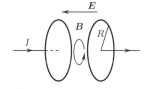

図6.18 コンデンサー中の磁場

[解] 極板間に生じる電場の大きさは $E(t) = Q(t)/\pi\varepsilon_0 R^2$ である。いま，極板間に半径 r の円 S を考える (その中心は極板の中心軸上)。この閉面 S を貫く Φ_E は円の面積 πr^2 を乗じて

$$\Phi_E = \frac{Q(t) r^2}{\varepsilon_0 R^2} \tag{6.73}$$

で与えられる。したがって，S を貫く変位電流は

$$I_\mathrm{d}(t) = I(t) \frac{r^2}{R^2} \tag{6.74}$$

となる*。マクスウェル-アンペールの法則より，面 S の縁に沿った磁場の大きさは $2\pi r B(r) = \mu_0 I_\mathrm{d}(t)$ より

$$B(r) = \frac{\mu_0 r}{2\pi R^2} I(t) \tag{6.75}$$

と求まる。この結果は，直線電流が作る磁場 $B = \mu_0 I / 2\pi r$ と形が似ているが，中心からの距離 r 依存性が大きく異なる。

*本章でたびたび出てきた

$$I(t) = \frac{dQ(t)}{dt}$$

の関係をここでも用いている。この関係はしっかり頭に入れていつでも使えるようにしておこう。

6章のまとめ

- 磁束の変化がある場合には必ず**誘導起電力**が生じている。これを**ファラデーの法則**とよぶ。電磁誘導で直接的に誘導されるのは電流ではなく，起電力である。
- 誘導起電力は，それに伴う誘導電流の作る磁場が磁束の変化を妨げる向きに生じる。これを**レンツの法則**とよぶ。
- コイルを含むある回路に電流 I が流れていたとき，スイッチを切ってもしばらくは電流が流れる。これを**自己誘導**という。コイルを貫く磁束と電流との比例係数を**自己インダクタンス**とよび，$L = N\Phi/I$ で与えられる。
- コイルは磁場のエネルギーを蓄えることができる。そのエネルギーは $U_B = LI^2/2$ である。
- LCR 回路の微分方程式は，抵抗のある場合のばねの振動についての微分方程式と同じ形をもっており，それぞれの間には次の対応関係がある:

$$\text{(電荷)}\, Q \iff x\,\text{(位置)} \tag{6.76}$$

$$\text{(インダクタンス)}\, L \iff m\,\text{(質量)} \tag{6.77}$$

$$\text{(電気容量)}\, 1/C \iff k\,\text{(ばね定数)} \tag{6.78}$$

$$\text{(抵抗)}\, R \iff \gamma\,\text{(粘性抵抗の係数)} \tag{6.79}$$

- 電場の時間変化は電流と同じ働きをする。これを**変位電流**として，アンペールの法則を時間変化のある場合に拡張したのが**マクスウェル–アンペールの法則**である。

問題

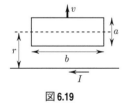

図 6.19

6.1 図 6.19 のように電流 I が流れる導線に平行して長方形 ($a \times b$) のコイルをおいた。
(a) コイルの中心と導線が距離 r だけ離れているときのコイルを貫く磁束 Φ を求めよ。
(b) コイルが導線から速度 v で離れるときコイルに生じる起電力の方向と大きさを求めよ。

6.2 ベータトロン加速器の原理を考える。図 6.20 のように，磁場は z 軸方向に向いており，その強さは z 軸からの距離 r と時間 t に依存している。
(a) $z = 0$ 平面における半径 r の軌道内の平均磁場 $B_\text{avg}(r,t)$ を用いて，軌道上の電子 (電荷 $-e$, 質量 m) にはたらく力を求め，軌道の接線方向の運動方程式を導け。
(b) 電子にはたらくローレンツ力と向心力から，動径方向の方程式を導け。
(c) (a) および (b) の結果から，軌道上の磁場 $B(r,t)$ と $B_\text{avg}(r,t)$ との間に成り立つべき関係を求めよ。

6.3 図 6.21 のように導体円盤 (半径 a) が磁場 B に平行な軸を中心に角速度 ω で回転している。軸と円盤の縁との間に生じる起電力を求め，回路に抵抗 R が備わって

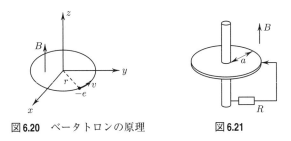

図 6.20 ベータトロンの原理　　図 6.21

いるときに流れる電流の大きさを求めよ。

6.4 図 6.22 のように，半径 a, b の二つの十分に長い (長さ l) 中空円筒状の導体 A と B が，軸を一致させておかれている ($a < b$)。
(a) これら A, B に同じ強さ I の電流を軸方向に互いに逆向きに流したとき，生じる磁場を求めよ。
(b) A, B によって閉じた回路がつくられるとして，この回路の自己インダクタンスを求めよ。

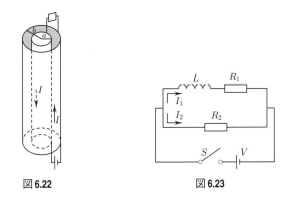

図 6.22　　図 6.23

6.5 図 6.23 の回路を考える。時刻 $t = 0$ にスイッチを入れた。
(a) スイッチを入れた直後と十分時間が経ったときの抵抗 R_2 に流れる電流 I_2 を求めよ。
(b) 抵抗 R_1 に流れる電流 I_1 の時間変化を求めよ。
(c) スイッチを入れて十分時間が経った時刻 t_0 にスイッチを切った。抵抗 R_1, R_2 に流れる電流 I_1, I_2 を求めよ。

6.6 例題 6.8 と同じ状況で，$LI(t)dI(t)/dt$ を $t = 0$ から ∞ まで時間について積分することで，最終的にコイルに蓄えられる磁場のエネルギーを求めよ。ただし電流の時間変化
$$I(t) = (V/R)\left[1 - \exp\{-(R/L)t\}\right]$$
を代入した上で積分すること。

7 マクスウェル方程式と電磁場

いよいよ我々は電磁気学の頂上に到達する。まずはその頂からの眺望を味わってほしい。これまでに学んできた諸法則は，たった4つのマクスウェル方程式にまとめられる。さらに積分形から微分形に移ることで，その美しさがより際立つ。ここから眺めれば，これまで苦労して上ってきた道のりが一望できるであろう。マクスウェル方程式は，電磁気学に留まらず現代物理学を支える重要な方程式である。物理は暗記の学問ではないが，頭に絶対入れておきたい重要方程式の一つである。本章では，マクスウェル方程式を頭に入れやすくするための工夫も紹介する。

目を反対側に向ければ，マクスウェル方程式から電磁波の方程式が導かれる道もみえる。電波，赤外線，可視光，紫外線，X線，γ線，我々を取り囲むさまざまな電磁波すべてがたった1つの波動方程式で記述される。性質も用途も一見大きく異なるこれらの違いは，ただ波長が異なるという点のみで，すべて同じ電磁波であることを知る。

7.1 マクスウェル方程式

これまでにいろいろな電磁現象を見てきた。そしてさまざまな法則を学んできた。クーロンの法則，ガウスの法則，オームの法則，ビオ-サバールの法則，アンペールの法則，ファラデーの法則。これらの中でも最も基本的かつ普遍的で電磁気学の本質をついた法則は何か。この問に答えたのはマクスウェルであった。

それぞれの法則は，時には独立ではなく，たがいに関係している場合もある。またある法則にはその適用できる状況が限られていたりもする。「最も基本的な法則」とはこの場合，あらゆる電磁現象を記述するために必要不可欠なものを指す。マクスウェルは，全ての電磁現象を記述できる以下の4つの最も基本的な法則を選び出した。

参考のため，それぞれの法則が得られた箇所を記しておく。

(7.1) ⇔ (3.4)
(7.2) ⇔ (5.9)
(7.3) ⇔ (6.14)
(7.4) ⇔ (6.70)

(マクスウェル方程式：積分形) ─────────────

電場のガウスの法則
$$\int_S \boldsymbol{E} \cdot \boldsymbol{n}\, dS = \frac{Q}{\varepsilon_0} \tag{7.1}$$

磁場のガウスの法則
$$\int_S \boldsymbol{B} \cdot \boldsymbol{n}\, dS = 0 \tag{7.2}$$

ファラデーの法則
$$\oint_C \boldsymbol{E} \cdot d\boldsymbol{s} = -\frac{\partial}{\partial t}\int_S \boldsymbol{B} \cdot \boldsymbol{n}\, dS \tag{7.3}$$

マクスウェル–アンペールの法則
$$\oint_C \boldsymbol{B} \cdot d\boldsymbol{s} = \mu_0 I + \varepsilon_0\mu_0\frac{\partial}{\partial t}\int_S \boldsymbol{E} \cdot \boldsymbol{n}\, dS \tag{7.4}$$

それぞれの方程式の意味も復習のため整理しておく。

(マクスウェル方程式：意味) ─────────────

(閉曲面 S を貫く電場 $\boldsymbol{E}$) = (S の内部の電荷)$/\varepsilon_0$ \quad (7.1)

(閉曲面 S を貫く磁場 $\boldsymbol{B}$) = 0 \quad (7.2)

(閉曲線 C に沿った電場の線積分)
$$= -\frac{\partial}{\partial t}(\text{C で囲まれた面 S を貫く磁束}) \tag{7.3}$$

(閉曲線 C に沿った磁場の線積分)
$$= \mu_0(\text{C で囲まれた面 S を貫く電流})$$
$$+ \varepsilon_0\mu_0\frac{\partial}{\partial t}(\text{S を貫く電束}) \tag{7.4}$$

ここに挙げた4つの方程式は，いずれもすでに見てきたものである。しかしこれまで多種多様な内容に触れてきたため，電磁気学全体の見通しはつきにくかったかもしれない。そこで本節では，上記マクスウェル方程式を出発点に，復習も兼ねてこれまで学習してきた内容を整理する。

(1) 電磁場が時間変化しない場合

電場も磁場も時間変化しない場合，$\partial/\partial t$ の項はゼロになるのでマクスウェル方程式は次のようになる：

$$\int_S \boldsymbol{E} \cdot \boldsymbol{n}\, dS = \frac{Q}{\varepsilon_0} \tag{7.1'}$$

$$\int_S \boldsymbol{B} \cdot \boldsymbol{n}\, dS = 0 \tag{7.2'}$$

$$\oint_C \boldsymbol{E} \cdot d\boldsymbol{s} = 0 \qquad (7.3')$$

$$\oint_C \boldsymbol{B} \cdot d\boldsymbol{s} = \mu_0 I \qquad (7.4')$$

- $(7.1')$, $(7.2')$ のガウスの法則は変更を受けない。これは裏返せば, (7.1), (7.2) はあらわには時間を含んでいないが,電場と磁場が時間変化したとしても成立していることを意味している。
- $(7.3')$ は静電場に由来する**静電気力は保存力**であることを意味している (2.3 節, 7.4 節参照)。
- $(7.4')$ は静磁場に対するアンペールの法則そのものである。
- 4 つの方程式はいまの場合,電場に関する $(7.1')$, $(7.3')$ と磁場に関する $(7.2')$, $(7.4')$ とに分けることができる。すなわち,**電磁場が時間変化しない限り,電気と磁気は別々の現象なのである**。電荷や電流に時間変化があるとき初めて電気と磁気が関連づけられる。

[例題 7.1] 電場のガウスの法則からクーロンの法則を導く
(7.1) のガウスの法則の右辺は任意の閉曲面 S によって囲まれる電荷 Q の総和を表現している。これはもちろん点電荷の場合も適用可能である。右辺の電荷を点電荷 (電荷 q_1) とみなすことで,クーロンの法則を導け。

[解] 点電荷による電場は対称性より球対称と考えることができる*。点電荷を中心とした球面 (半径 r) を考えた場合,その表面での電場の大きさは等しく,向きは球面に垂直方向である。このことより (7.1) の左辺は $4\pi r^2 E$ となり,

$$E = \frac{q_1}{4\pi\varepsilon_0 r^2} \qquad (7.5)$$

この電場中にもう一つの点電荷 q_2 をおいた場合,その点電荷 q_2 にはたらく力は $\boldsymbol{F} = q_2 \boldsymbol{E}$ より,

$$\boldsymbol{F}_{21} = \frac{q_2 q_1}{4\pi\varepsilon_0 r^2} \boldsymbol{e}_{21} \qquad (7.6)$$

となる。ここで $\boldsymbol{e}_{21}$ は q_1 から q_2 へ向かう単位ベクトルである。上の関係はクーロンの法則に他ならない。

* 厳密には,球対称の電荷分布が球対称の電場を作るかどうかは自明ではない。これを証明するためには,$(7.3'')$ を援用する必要がある。すなわち,電場のガウスの法則はクーロンの法則と等価ではなく,(7.1) と $(7.3'')$ あわせて初めてクーロンの法則と等価になる。

7.2 積分形から微分形へ

ここまでは法則を積分形で表してきた。これは積分形の方がはじめのうちは理解しやすいためである。しかしこれらの表式は微分形で書き表すことができ,その方がより簡明な形になる。そして何より,現代物理学における基礎概念である近接作用の考え方は微分形によって最も的確に表現される。究極の法則,

方程式を求める我々にとっては，微分形で表すことが必要不可欠となる。

積分形から微分形へ書き改めるためには，少しだけ高度な数学的知識を必要とする。以下で用いるガウスの定理やストークスの定理の数学的側面についてあまり深く立ち入ることはせず，ここでは次の定理を"使う"ことに専念しよう。

(発散定理 (ガウスの定理))
任意のベクトル場 $\boldsymbol{A}$ に対して次の関係が成り立つ*1。
$$\int_S \boldsymbol{A} \cdot \boldsymbol{n}\,dS = \int_V \mathrm{div}\boldsymbol{A}\,dV \tag{7.7}$$

---

*1 左辺は2次元積分で，右辺は3次元積分である。しかし div は空間の座標に対する微分で，それは空間の次元を一つ下げる。($\partial/\partial x$ は長さで割っている。) このため左右で次元はそろっている。

閉曲面 S 上の面積分から S で囲まれる体積領域 V での積分へと変換する定理である。"div" は発散 (divergence) の意味で，$\mathrm{div}\boldsymbol{A} = \boldsymbol{\nabla} \cdot \boldsymbol{A}$ とも表現される。

(回転定理 (ストークスの定理))
任意のベクトル場 $\boldsymbol{A}$ に対して次の関係が成り立つ*2。
$$\oint_C \boldsymbol{A} \cdot d\boldsymbol{s} = \int_S \mathrm{rot}\boldsymbol{A} \cdot \boldsymbol{n}\,dS \tag{7.8}$$

---

*2 ここでも左辺は1次元積分で，右辺は2次元積分であるが，rot が次元を一つ下げて左右で次元がそろう。

閉曲線 C 上での線積分から C で囲まれた曲面 S 上での積分へと変換する定理である。"rot" は回転 (rotation) の意味で，$\mathrm{rot}\boldsymbol{A} = \boldsymbol{\nabla} \times \boldsymbol{A}$ とも表現される。$\mathrm{div}\boldsymbol{A}$ は (内積なので) スカラー量であることに対し，$\mathrm{rot}\boldsymbol{A}$ は (外積なので) ベクトル量であることに注意が必要である。

[例題 7.2] 微分形のガウスの法則
発散定理を用いて (7.1) と (7.2) のガウスの法則を微分形 (div や rot を用いた形) で書き表せ。

[解] 発散定理を用いると (7.1) の左辺は
$$\int_S \boldsymbol{E} \cdot \boldsymbol{n}\,dS = \int_V \mathrm{div}\boldsymbol{E}\,dV \tag{7.9}$$
となる。一方，(7.1) 右辺の Q は閉曲面 S で囲まれた体積中の電荷の総量であり，電荷密度 ρ を用いて $Q = \int_V \rho\,dV$ と表される。したがって
$$\int_V \mathrm{div}\boldsymbol{E}\,dV = \frac{1}{\varepsilon_0}\int_V \rho\,dV \tag{7.10}$$
となるが，これが「任意の」体積領域で成り立つためには，その被積分関数が至る所で等しくなければならない。以上より，

$$\mathrm{div}\boldsymbol{E} = \frac{\rho}{\varepsilon_0} \tag{7.11}$$

(7.2) についてはもっと簡単で，左辺に発散定理を適用するだけで直ちに

$$\mathrm{div}\boldsymbol{B} = 0 \tag{7.12}$$

を得る．

[例題 7.3] 微分形のファラデーの法則とマクスウェル–アンペールの法則
回転定理を用いて (7.3) のファラデーの法則と (7.4) のマクスウェル–アンペールの法則を微分形で書き表せ．

[解] 回転定理を用いると (7.3) は

$$\oint_C \boldsymbol{E}\cdot d\boldsymbol{s} = \int_S \mathrm{rot}\boldsymbol{E}\cdot\boldsymbol{n}\,dS \tag{7.13}$$

となり，これが任意の閉曲面 S で右辺の $-(\partial/\partial t)\int_S \boldsymbol{B}\cdot\boldsymbol{n}\,dS$ と等しくなるためには，それぞれの被積分関数が至る所で等しくならなければならない．したがって，

$$\mathrm{rot}\boldsymbol{E} = -\frac{\partial \boldsymbol{B}}{\partial t} \tag{7.14}$$

式 (7.4) についても同様に，左辺は

$$\oint_C \boldsymbol{B}\cdot d\boldsymbol{s} = \int_S \mathrm{rot}\boldsymbol{B}\cdot\boldsymbol{n}\,dS \tag{7.15}$$

である．一方，右辺第 1 項の I は曲面 S を貫く電流の総量であり，電流密度 $\boldsymbol{j}$ を用いて $I = \int_S \boldsymbol{j}\cdot\boldsymbol{n}\,dS$ で与えられる．以上より

$$\mathrm{rot}\boldsymbol{B} = \mu_0\boldsymbol{j} + \varepsilon_0\mu_0\frac{\partial \boldsymbol{E}}{\partial t} \tag{7.16}$$

これまでに得た微分形のマクスウェル方程式を下にまとめた．より美しく表現されていることがおわかりいただけるだろう．

(マクスウェル方程式：微分形)

電場のガウスの法則
$$\mathrm{div}\boldsymbol{E} = \frac{\rho}{\varepsilon_0} \tag{7.1''}$$

磁場のガウスの法則
$$\mathrm{div}\boldsymbol{B} = 0 \tag{7.2''}$$

ファラデーの法則
$$\mathrm{rot}\boldsymbol{E} = -\frac{\partial \boldsymbol{B}}{\partial t} \tag{7.3''}$$

マクスウェル–アンペールの法則
$$\mathrm{rot}\boldsymbol{B} = \mu_0\boldsymbol{j} + \varepsilon_0\mu_0\frac{\partial \boldsymbol{E}}{\partial t} \tag{7.4''}$$

【ポアソン方程式】
2.3 節でみたように，電場はポテンシャル ϕ を用いて $\boldsymbol{E} = -\mathrm{grad}\,\phi$ と書き表せた．これを (7.1'') に代入すると，

$$\nabla^2 \phi = -\frac{\rho}{\varepsilon_0} \quad (7.17)$$

を得る．この方程式をポアソン方程式 (Poisson equation) とよぶ．

$$\nabla^2 = \nabla\cdot\nabla$$
$$= \frac{\partial^2}{\partial x^2} + \frac{\partial^2}{\partial 6^2} + \frac{\partial^2}{\partial z^2}$$

はラプラス演算子である．電荷分布と適切な境界条件が与えられれば，ポアソン方程式からポテンシャルを求めることができ，そこから電場も得ることができる．電荷密度がゼロの特別な場合

$$\nabla^2 \phi = 0 \quad (7.18)$$

は，ラプラス方程式 (Laplace equation) とよばれる．

7.3 発散と回転：わき出しと渦

ところで，「発散 (div)」と「回転 (rot)」という名称がどうしてつけられているのだろうか？ ここでは発散と回転について，具体的なイメージをもつため，以下の簡単な場合について考察する。

[例題 7.4] 発散とわき出し

簡単のため，2 次元における「発散 (div)」を考える。図 7.1 のように，流れる "仮想的な流体" と微小部分 $\Delta x \Delta y$ を考える。位置 (x, y) における流れの速度を $\boldsymbol{v}(x, y)$ とする。

* 流体の量は通常体積で考えるが，今の場合 2 次元系なので面積で考える。

(1) 線分 AB を通過して微小部分に注入する単位時間あたりの流体量*，および線分 DC を通過して流出する単位時間あたりの流体量を速度の成分 $\boldsymbol{v}(x, y) = (v_x(x, y), v_y(x, y))$ を用いて表せ。これから AB と DC で流体量の差分はいくらになるか。

(2) 同様にして，線分 BC を通過して微小部分に流入する単位時間あたりの流体の量，および線分 AD を通過して流出する流体の量を求め，BC と AD で流体量の差分はいくらになるか。

(3) 微小面積 $\Delta x \Delta y$ あたりの差分量を求め，$\Delta x, \Delta y \to 0$ の極限値を求めよ。

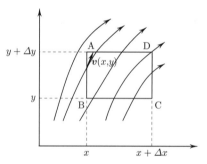

図 7.1 "仮想的な流体" の流れ

[解] (1) 線分 AB を通過して流入する単位時間あたりの流体量は $v_x(x, y)\Delta y$ であり，線分 DC を通過して流出する流体量は $v_x(x+\Delta x, y)\Delta y$ である。したがって，両線分における流体の差分量は

$$v_x(x+\Delta x, y)\Delta y - v_x(x, y)\Delta y \tag{7.19}$$

となる。これは AB から DC 間で増えた量 (わき出した量) とみなすことができる。

(2) 同様にして，BC と AD での差分量は

$$v_y(x, y+\Delta y)\Delta x - v_y(x, y)\Delta x \tag{7.20}$$

(3) 微小面積あたりを求めるために上で求めた差分量を $\Delta x \Delta y$ で割ると

$$\frac{v_x(x+\Delta x, y) - v_x(x,y)}{\Delta x} + \frac{v_y(x, y+\Delta y) - v_y(x,y)}{\Delta y} \tag{7.21}$$

これらはまさに偏微分の定義に相当しているので，$\Delta x, \Delta y \to 0$ の極限値をとれば

$$\frac{\partial v_x}{\partial x} + \frac{\partial v_y}{\partial y} = \boldsymbol{\nabla} \cdot \boldsymbol{v} = \mathrm{div}\,\boldsymbol{v} \tag{7.22}$$

となる。

上の例題で見たように，流体の場合，発散 (div) はある場所における流体がわき出す量を表している。$\mathrm{div}\,\boldsymbol{v} > 0$ は，辺 AB から DC，辺 BC から AD 間で流体の量が増加していることを意味する。すなわち，$\Delta x \Delta y$ の領域内で流体が "わき出し" たことになる。一方 $\mathrm{div}\,\boldsymbol{v} < 0$ であればその逆で，$\Delta x \Delta y$ の領域内で流体が "吸い込まれて" 消失したことに対応する。$\mathrm{div}\,\boldsymbol{v} = 0$ の場合は，わき出しも吸い込みもないことを意味する。

電磁気学で発散を考えるのは電場と磁場であるので，具体的な流体ではない。しかし上の例題は電場と磁場のイメージをもつのに役立つであろう。

[例題 7.5] 回転と渦

(1) 全く一様で一方向に一定の速度で流れる仮想流体を考えてみる。流れの方向を x 軸方向とすれば，速度ベクトルは $\boldsymbol{v} = (v_x, 0, 0)$ と表せる。このときの $\mathrm{rot}\,\boldsymbol{v}$ を求めよ。

(2) 右回りの角速度が一定の円形の流れ (渦流) を考える。角速度を ω とすると，速さは $v = r\omega$ で与えられる。このときの速度ベクトルの成分 v_x, v_y を求め，さらに $\mathrm{rot}\,\boldsymbol{v}$ を求めよ。

[解] (1) 一般に，$\mathrm{rot}\,\boldsymbol{v}$ の各成分は次のように与えられる。

$$\mathrm{rot}\,\boldsymbol{v} = \left(\frac{\partial v_z}{\partial y} - \frac{\partial v_y}{\partial z},\ \frac{\partial v_x}{\partial z} - \frac{\partial v_z}{\partial x},\ \frac{\partial v_y}{\partial x} - \frac{\partial v_x}{\partial y}\right) \tag{7.23}$$

上式に $\boldsymbol{v} = (v_x, 0, 0)$ を代入すると，$\mathrm{rot}\,\boldsymbol{v} = 0$ となる。

(2) ある座標 $(x, y) = (r\cos\theta, r\sin\theta)$ における速度ベクトルの成分は，

$$v_x = r\omega \sin\theta = \omega y \tag{7.24}$$
$$v_y = -r\omega \cos\theta = -\omega x \tag{7.25}$$

で与えられる。これらを (7.23) に代入すると，

$$(\mathrm{rot}\,\boldsymbol{v})_x = (\mathrm{rot}\,\boldsymbol{v})_y = 0 \tag{7.26}$$
$$(\mathrm{rot}\,\boldsymbol{v})_z = -2\omega \tag{7.27}$$

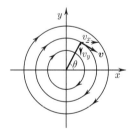

図7.2 角速度が一定の円形の流れ (渦流)

上の例題から，一方向の流れの場合は $\mathrm{rot}\,\boldsymbol{v}$ は値をもたないが，渦流の場合はちょうど角速度の 2 倍の大きさをもち，その方向は渦の回転方向に対して右ねじの進む方向となることがわかる。この渦流の"渦らしさ"を表す目安として渦度 Ω を導入することがあるが，その定義は $\Omega = \mathrm{rot}\,\boldsymbol{v}$ で，まさに流れの速度の rot で与えられている。考えているベクトル量に対して渦度を計算し，$\Omega = 0$ であれば「渦なし」，$\Omega \neq 0$ であれば「渦あり」と判断できる。Ω はベクトルなので方向をもち，その方向から渦の回転方向も理解できる。つまり，回転 (rot) はある場所における流体の回転の方向およびその角速度の大きさを表している。

7.4 発散と回転とマクスウェル方程式

発散と回転のイメージを確認したところで，もう一度微分形のマクスウェル方程式を見直してみよう (図 7.3)。

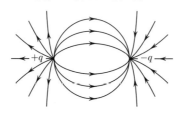

電場のわき出しと吸い込み　　磁場にはわき出しも吸い込みもない

必ず正電荷で始まり負電荷で終わる　　磁力線に始まりも終わりもない

図 7.3　電場と磁場とわき出し・吸い込みの関係

*1　磁場のわき出し・吸い込みがあるような点のことを「磁気単極子 (magnetic monopole)」とよぶ。式 (7.2″) はそのような磁気単極子は存在しないことを意味しており，これまでのところそのような磁気単極子が発見されたという報告もない。

*2　そのため $\mathrm{rot}\,\boldsymbol{E} = 0$ はしばしば電場の「渦なしの法則」とよばれる。

図 7.4　通常の流体の場合，上のように渦ができることもあるが，"静"電場で渦は存在しない。

(7.1″) は電場が電荷からわき出していることを意味している。電場を仮想的に電気力線を用いて考える場合，それは正の電荷から始まり，負の電荷で終わる。電気力線が電荷のないところで始まったり終わったりすることはない。

(7.2″) は磁場にはわき出し口が存在しないことを意味している*1。磁場を仮想的に磁力線を用いて考える場合，その線には始まりも終わりもないことを (7.2″) は物語っている。

(7.3″) は静電磁場の場合，$\mathrm{rot}\,\boldsymbol{E} = 0$ となり，静電場が渦なしの場であることを意味している*2。磁場の場合とは逆で，電気力線が閉曲線になることはない (図 7.4 のような状況は起こりえない)。そのような場では空間の任意の 2 点間で，場の線積分が径路によらない。つまり，静電場による仕事は径路に無関係であることを意味しており，このことから (スカラー量の) ポテンシャルである電位の存在が導かれ，$\boldsymbol{E} = -\mathrm{grad}\,\phi(\boldsymbol{r})$ を得たのであった。ところが磁場に時間変化があった場合は一転して，電場にも渦が生じる。閉じた回路に誘導起電力が生じることはまさにこの渦の生成に対応している。

(7.4″) は静電磁場の場合，電流があればそのまわりに磁場の (磁力線の) 渦が生じていることを表現している。渦なしの電場の場合は $\boldsymbol{E} = -\mathrm{grad}\,\phi(\boldsymbol{r})$

として電位 (静電ポテンシャル) を用いて定義できたのに対して，磁場の場合は一般には grad とスカラーポテンシャルを用いて表されない。その代わりに後で考えるベクトルポテンシャルを考えることができる。

7.5 マクスウェル方程式の覚え方

物理学は暗記の学問ではない。しかしいくつかの最低限の事柄については，やはり頭に入れておく必要がある。電磁気学の場合，最も頭に入れておくべき事項はなんといってもマクスウェル方程式であろう。これは人類が到達した一つの知の頂点である。マクスウェル方程式を諳んじてその美しさを味わうことは，知的人生を豊かにすることにもなろう。

とはいえ，全くの丸暗記はあまりお薦めできない。我々にはこれまで一つ一つの物理を理解したうえで，マクスウェル方程式の高みに至った経緯がある。是非これまでに学んだ物理的な意味と式を結びあわせてマクスウェル方程式を覚えてほしい。その方が丸暗記よりずっと早く定着するはずである。

覚え方は人それぞれであってよい。ここでは物理的な意味と合わせつつ 4 つの方程式を整理して頭に入れやすくする一つのヒントを紹介する。視覚的情報は記憶の大きな助けとなる。図 7.5 に 4 つの方程式のイメージを描いたので，この図を頼りに記憶を定着させてほしい。

(1) まず 4 つの方程式は発散の方程式と回転の方程式の 2 つに分類できる。そこで左辺の $\mathrm{div}\boldsymbol{E}=$, $\mathrm{div}\boldsymbol{B}=$, $\mathrm{rot}\boldsymbol{E}=$, $\mathrm{rot}\boldsymbol{B}=$, を先にこの順で書いてしまおう。そして図 7.5 のように，発散は広がっているイメージ，回転はくるくる回っているイメージを思い浮かべる。

(2) 電場は電荷から電気力線が発散しているが，磁力線はそのような起点がない。つまり「電場の発散はあるが磁場の発散はない」ことを思い出して電

係数 ε_0 と μ_0 は意味を理解しているだけではなかなか覚えにくい。電場のガウスの法則については，はじめから ρ/ε_0 をひとくくりにして覚えておくとよい。同様にアンペールの法則は $\mu_0\boldsymbol{j}$ をセットに覚えておけば覚えやすい。最後の変位電流は最も覚えにくくややこしい。しかし最大限にややこしかったところで高々でてくる係数は 2 つだけ。この際どちらもかけてしまえ，ということで $\varepsilon_0\mu_0\partial\boldsymbol{E}/\partial t$ になると覚えておくのはいかがだろうか。

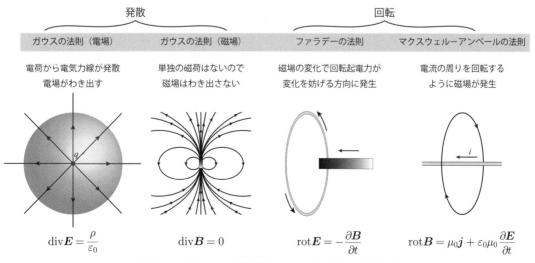

図 7.5 マクスウェル方程式はイメージと合わせて覚える

場の右辺に ρ/ε_0，磁場の右辺に 0 を書き足す。

(3) ファラデーの法則は磁場変化があれば回転起電力が発生することであった。この磁場変化を $\partial \boldsymbol{B}/\partial t$ と表現できるようにしておけば右辺が書ける。ただしこのとき，レンツの法則を思い出して負符号を加えることをお忘れなく。

(4) 最後のマクスウェル–アンペールの法則では，まずアンペールの法則を思い出して右辺に電流 $\mu_0 \boldsymbol{j}$ を書く。次に電場の変化はマクスウェルの変位電流として電流と等価であったことを思い出して $\varepsilon_0 \mu_0 \partial \boldsymbol{E}/\partial t$ を書き足す。

7.6 電磁波

我々はこれまで電気・磁気現象から物理法則を積み重ね，その集大成としてマクスウェル方程式にたどり着いた。ここまで一切"光"に関する現象を扱っていない。しかし得られたマクスウェル方程式から波動方程式が導き出され，電磁現象が波として伝播することが明らかとなる。しかもその伝播速度を定量的に評価することで，マクスウェルは光が電磁波の一種であるということに気づいた。それまで別の学問分野であった光学と電磁気学とを結びつけたことは，マクスウェルの偉大な業績である。本節では電磁波がマクスウェル方程式からいかに導き出されるのかを学ぶ。

> その電磁波が今日の文明を支えているのは周知の通りである。

7.6.1 電磁波のイメージ

すでに述べたように電磁場が時間変化するとき，電場と磁場は独立した存在ではない。電場の時間変化あるところに磁場が存在し，磁場の時間変化あるところに電場が存在する。電場と磁場を次々に変化させると，それによる磁場と電場の変化が次々に波及し，遠方へと伝播する。この波及効果がまさに電磁波である。

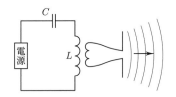

図 7.6 電磁波を発生する装置の例。

図 7.6 のような装置を考える。左の LC 回路で角振動数 $\omega = 1/\sqrt{LC}$ で振動する電流が生じる。この振動電流は変圧器を通して 2 本のアンテナ (導体棒) および，アンテナ中にも角振動数 ω の振動電流が生じる。アンテナは電気双極子とみなせるので，この双極子が作る電場も ω で振動する。またアンテナの振動電流から磁場も振動する。この電場と磁場の振動が一体となって波及する

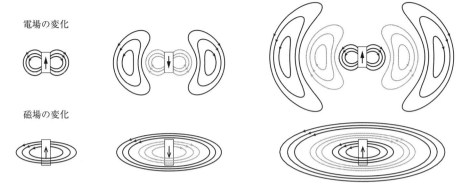

図 7.7 電磁波が伝播するイメージ。(上段) 振動電気双極子による電場変化，(下段) 振動電流による磁場変化

のが電磁波である (図 7.7)。

より具体的なイメージをつかむために，後で取り組む例題を先取りしてその結果だけをみておこう。電磁波はマクスウェル方程式の自然な帰結として導かれる。その形はたとえば z 方向に進行する正弦的な電磁波の場合，

$$E_x(z,t) = E_0 \sin k(z - vt) \tag{7.28}$$

$$B_y(z,t) = B_0 \sin k(z - vt) \tag{7.29}$$

のようになっている (図 7.8 参照。ただしここでは正弦波ではなく，より一般的な波の形を想定している)。z 方向に進行する場合，それに垂直な方向で電場と磁場が振動しながら伝わっていく。しかも，その電場と磁場の変位の向きも互いに直交している。

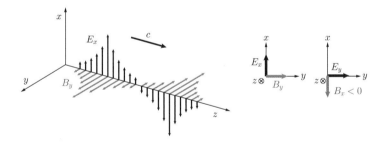

図 7.8 $+z$ 方向に進行する電磁波における電場と磁場の関係

7.6.2 電磁波の波動方程式

上でみた電磁波をマクスウェル方程式から導き出してみよう。今は真空中を伝わる電磁波について考える。真空中では電荷も電流も存在しないのでマクスウェル方程式は次の形となる (電場と磁場が位置 r と時間 t の関数であることを明示した)。

$$\boldsymbol{\nabla} \cdot \boldsymbol{E}(\boldsymbol{r}, t) = 0 \tag{7.1'''}$$

$$\nabla \cdot \boldsymbol{B}(\boldsymbol{r},t) = 0 \tag{7.2'''}$$

$$\nabla \times \boldsymbol{E}(\boldsymbol{r},t) = -\frac{\partial \boldsymbol{B}(\boldsymbol{r},t)}{\partial t} \tag{7.3'''}$$

$$\nabla \times \boldsymbol{B}(\boldsymbol{r},t) = \varepsilon_0 \mu_0 \frac{\partial \boldsymbol{E}(\boldsymbol{r},t)}{\partial t} \tag{7.4'''}$$

[例題 7.6] 変動する電磁場とマクスウェル方程式

* あとでわかるように,この例題は z 方向に伝播する電磁波を想定している.

電場も磁場も z 方向にのみ空間変化している場合を考える*.その場合それぞれは $\boldsymbol{E}(z,t)$, $\boldsymbol{B}(z,t)$ と表せる.このとき真空中のマクスウェル方程式を簡単な形で書き表せ.

[解] まず,式 (7.1''') を成分に分けて書いてみると,

$$\nabla \cdot \boldsymbol{E}(z,t) = \frac{\partial E_x(z,t)}{\partial x} + \frac{\partial E_y(z,t)}{\partial y} + \frac{\partial E_z(z,t)}{\partial z} = 0 \tag{7.30}$$

仮定より電場は x, y 方向には空間変化しないので,x, y で微分する項は恒等的にゼロである.したがって z の微分項のみを考えて,

$$\frac{\partial E_z(z,t)}{\partial z} = 0 \tag{7.31}$$

を得る.式 (7.2''') も全く同様に,

$$\frac{\partial B_z(z,t)}{\partial z} = 0 \tag{7.32}$$

となる.

次に,式 (7.3''') と (7.4''') を考える.これは両辺がベクトルなので,まずその z 成分だけを考えてみる.左辺の空間微分は

$$(\nabla \times \boldsymbol{E})_z = \frac{\partial E_y(z,t)}{\partial x} - \frac{\partial E_x(z,t)}{\partial y} \tag{7.33}$$

$$(\nabla \times \boldsymbol{B})_z = \frac{\partial B_y(z,t)}{\partial x} - \frac{\partial B_x(z,t)}{\partial y} \tag{7.34}$$

であるが,条件よりこれらの項は恒等的にゼロである.したがって,右辺の時間微分も

$$\frac{\partial E_z(z,t)}{\partial t} = 0 \tag{7.35}$$

$$\frac{\partial B_z(z,t)}{\partial t} = 0 \tag{7.36}$$

となる.ここまでに得た結果をまとめると,電場も磁場もその z 成分は結局空間変化も時間変化もしない,ということになる.

残りは式 (7.3''') と (7.4''') の x, y 成分の方程式である.これらの左辺のうち x, y に関する微分項は恒等的にゼロなので,

$$\frac{\partial E_y(z,t)}{\partial z} = \frac{\partial B_x(z,t)}{\partial t} \tag{7.37}$$

$$\frac{\partial E_x(z,t)}{\partial z} = -\frac{\partial B_y(z,t)}{\partial t} \tag{7.38}$$

$$\frac{\partial B_y(z,t)}{\partial z} = -\varepsilon_0\mu_0 \frac{\partial E_x(z,t)}{\partial t} \tag{7.39}$$

$$\frac{\partial B_x(z,t)}{\partial z} = \varepsilon_0\mu_0 \frac{\partial E_y(z,t)}{\partial t} \tag{7.40}$$

が得られる。

上の例題の状況では，電磁場の z 成分は変化せず，x, y 成分は空間 (z 方向) と時間に対して変動する。

得られた 4 つの方程式は E_x と B_y，E_y と B_x がそれぞれ対になっている。この関係を利用してマクスウェル方程式はさらにシンプルな形に書き換えることができる。

[例題 7.7] 波動方程式を導く

(1) 例題 7.6 の式 (7.38) の両辺を z で微分し，式 (7.39) の両辺を t で微分し，$E_x(z,t)$ だけの方程式を導け。

(2) 例題 7.6 の式 (7.38) の両辺を t で微分し，式 (7.39) の両辺を z で微分し，$B_y(z,t)$ だけの方程式を導け。

[解] (1) (7.38) の両辺を z で微分し，(7.39) の両辺を t で微分すると，

$$\frac{\partial^2 E_x(z,t)}{\partial z^2} = -\frac{\partial^2 B_y(z,t)}{\partial z \partial t} \tag{7.41}$$

$$\frac{\partial^2 B_y(z,t)}{\partial t \partial z} = -\varepsilon_0\mu_0 \frac{\partial^2 E_x(z,t)}{\partial t^2} \tag{7.42}$$

z と t は順序を入れ替えても等しいので，上の 2 式で共通する $\partial^2 B_y(z,t)/\partial z \partial t$ を消去すると，

$$\frac{\partial^2 E_x(z,t)}{\partial t^2} = \frac{1}{\varepsilon_0\mu_0} \frac{\partial^2 E_x(z,t)}{\partial z^2} \tag{7.43}$$

が得られる。

(2) 同様に，2 つの式から $\partial^2 E_x(z,t)/\partial z \partial t$ を消去すると，

$$\frac{\partial^2 B_y(z,t)}{\partial t^2} = \frac{1}{\varepsilon_0\mu_0} \frac{\partial^2 B_y(z,t)}{\partial z^2} \tag{7.44}$$

が得られる。

例題 7.6 で得た 4 つの方程式をまとめると，

$$\begin{cases} \dfrac{\partial^2 E_x(z,t)}{\partial t^2} = \dfrac{1}{\varepsilon_0\mu_0} \dfrac{\partial^2 E_x(z,t)}{\partial z^2} \\[2mm] \dfrac{\partial^2 B_y(z,t)}{\partial t^2} = \dfrac{1}{\varepsilon_0\mu_0} \dfrac{\partial^2 B_y(z,t)}{\partial z^2} \end{cases} \tag{7.45}$$

$$\begin{cases} \dfrac{\partial^2 E_y(z,t)}{\partial t^2} = \dfrac{1}{\varepsilon_0 \mu_0} \dfrac{\partial^2 E_y(z,t)}{\partial z^2} \\[2ex] \dfrac{\partial^2 B_x(z,t)}{\partial t^2} = \dfrac{1}{\varepsilon_0 \mu_0} \dfrac{\partial^2 B_x(z,t)}{\partial z^2} \end{cases} \quad (7.46)$$

となっていることがわかった。これはまさに波動方程式の形になっているのである。また，E_x と B_y の波動方程式が一つの組をなし，E_y と B_x 方程式が別の組として導かれたことにも留意しておこう。

波動方程式については『基礎物理学 力学』10 章も参照のこと。

> **(波動方程式)** 一般に，
> $$\dfrac{\partial^2 u(z,t)}{\partial t^2} = v^2 \dfrac{\partial^2 u(z,t)}{\partial z^2} \quad (7.47)$$
> の形をもつ方程式は**波動方程式** (wave equation) とよばれ，$u(z,t)$ は位置 z，時刻 t における波の変位であり，v はその波の伝わる速度に対応する。
>
> この波動方程式の解を**波動関数** (wave function) とよび，$f(x)$ と $g(x)$ を任意の関数として，
> $$u(z,t) = f(z - vt) + g(z + vt) \quad (7.48)$$
> の形をもっている。

波動方程式の解 $f(z - vt)$ が確かに波の変位を表していることを見ておこう。時刻 $t = 0$ に $f(z)$ が図 7.9 のような形をもっていたとする。これが z 方向に速度 v で t 秒進むとどうなるか。それはすなわち，関数形を保ったまま正方向へ vt だけ平行移動することに対応しているので，数式を用いて表せば $f(z - vt)$ が t 秒後の関数形ということになる。またこの例より，$g(z + vt)$ の場合は z 軸負の方向へ伝播する波を表すこともわかる。

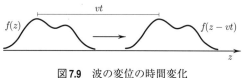

図 **7.9** 波の変位の時間変化

［例題 7.8］波動方程式の解と電磁波の速度
電場の空間，時間依存性が
$$E_x(z,t) = E_0 \sin k(z \mp vt)$$
の正弦波の形で与えられたとする。この正弦波が波動方程式 (7.45) の解となるためには，正弦波の速度 v がいくらであればよいか。

［解］ (7.45) の左辺は
$$\dfrac{\partial^2}{\partial t^2} E_0 \sin k(z \mp vt) = -v^2 k^2 E_0 \cos k(z \mp vt) \quad (7.49)$$

となり，右辺は
$$\frac{1}{\varepsilon_0\mu_0}\frac{\partial^2}{\partial z^2}E_0\sin k(z\mp vt)=-\frac{k^2}{\varepsilon_0\mu_0}E_0\cos k(z\mp vt) \tag{7.50}$$
である。したがって，
$$v=\frac{1}{\sqrt{\varepsilon_0\mu_0}} \tag{7.51}$$
のとき，$E_x(z,t)=E_0\sin(z\mp vt)$ は波動方程式 (7.45) を満たす。

[例題 7.9] 電磁波の速さと真空の誘電率・透磁率
例題 7.8 で得られた電磁波の速度 $v=1/\sqrt{\varepsilon_0\mu_0}$ の大きさを求めよ。ここで真空の誘電率より $1/4\pi\varepsilon_0=9\times10^9\,\mathrm{Nm^2A^{-2}s^{-2}}$，真空の透磁率は $\mu_0=4\pi\times10^{-7}\,\mathrm{NA^{-2}}$ で与えられるとする。

[解] 問題文より，
$$v=\sqrt{\frac{4\pi\times9\times10^9\,\mathrm{Nm^2A^{-2}s^{-2}}}{4\pi\times10^{-7}\,\mathrm{NA^{-2}}}}=3\times10^8\,\mathrm{ms^{-1}} \tag{7.52}$$

このようにして電磁波の速度が $3\times10^8\,\mathrm{ms^{-1}}$ であることがわかった。この速度は当時実験的に知られていた光の速度に極めて近いことから，マクスウェルは 1864 年，「光は**電磁波である**」という結論にたどりついた。これは科学史上画期的な着想であり，偉大な一歩である。クーロンの法則，ガウスの法則，アンペールの法則，ファラデーの法則など電磁気学の法則を積み重ねた結果，電磁気学とは関係ないと考えられた光の性質を記述することができるようになり，ここに電磁気学と光学が融合されたのである。そしてその先に電磁波の応用が拓け，現代の文明が築き上げられたのである。

(光速と真空の誘電率，透磁率) 光速 c と真空の誘電率 ε_0，真空の透磁率 μ_0 との間に次の関係が成り立つ。
$$c=\frac{1}{\sqrt{\varepsilon_0\mu_0}} \tag{7.53}$$

7.6.3 電磁波の性質
さらに次の例題を解くことで，電磁波のもつ一般的な性質を調べてみよう。

[例題 7.10] 電磁波における電場と磁場の関係
例題 7.8 と同様に，電磁波の電場が $E_x(z,t)=E_0\sin(kz-\omega t)$ で与えられるとき，その電磁波の磁場の波動関数を求めよ。ここで角振動数 ω と波数 k は

$\omega = ck$ で関係づけられている。

[解]　式 (7.38), (7.39) より，E_x の変動で生じるのは B_y である。式 (7.38) より，

$$\frac{\partial B_y(z,t)}{\partial t} = -kE_0 \cos(kz - \omega t) \tag{7.54}$$

となるので，この t に対する微分方程式を解けば

$$B_y(z,t) = \frac{E_0}{c} \sin(kz - \omega t) \tag{7.55}$$

であることがわかる。確認のため，これらの波動関数を式 (7.39) に代入してみると確かにそれを満たしていることがわかる。

この例題から電磁波の重要な性質を知ることができる。例題 7.6 では，電磁波の進行方向 (z 方向) には電場も磁場も変位せず，x, y 方向にのみ変位することを見たが，例題 7.10 はさらに x 方向に変位する電場に対応する磁場は y 方向にしか現れないことを示している。同様に計算すれば，y 方向に変位する電場に対応するのは $-x$ 方向の磁場であることがわかる (章末問題 7.3 参照)。すなわち，**電場と磁場の変位は互いに垂直**であり，図 7.8 に示したように，電場方向から磁場方向に右ねじをまわしたとき，ねじの進む方向が電磁波の進行方向となる。このとき波動関数の形は電場も磁場も等しく，電場と磁場は同じ周期 (周波数) をもって振動している。

もう一つの重要な性質として，電場と磁場の振幅の間に

$$B_0 = \frac{E_0}{c} \tag{7.56}$$

の関係が成り立っていることが挙げられる。式 (7.45) のように電場と磁場は全く対称な方程式で与えられているが，その振幅において違いがでる。別の言い方をすれば，電磁波において電場と磁場は光速 $c = 1/\sqrt{\varepsilon_0 \mu_0}$ だけ異なる次元をもつ。

7.6.4　電磁波が運ぶエネルギー：ポインティングベクトル

電磁波はエネルギーを運ぶことができる。太陽が地球上のあらゆる物体を温めるのは，まさに太陽光をはじめとする電磁波がエネルギーを運んでくるからである。ここでは電磁波が運ぶエネルギーについて詳しく見ることにする。

その前に，まずエネルギー流束密度について考察する。一般に流束密度とは，単位時間 (微小時間) あたりに単位面積 (微小面積) を通過する量のことをいう。これに習って，単位時間あたりに単位面積を通過するエネルギーのことをエネルギー流束密度とよぶ。

【間違いやすい】
"ポインティング" と聞くと何か方向を指し示している，といった意味にとらえられるかもしれない (実際に電磁波の進行方向と一致するが)。しかしここで言うポインティングとは人名で，このベクトルを導入した John Henry Poynting (1852-1914) に由来する。"pointing" ではない。

[例題 7.11] エネルギー流束密度

電磁波から少し離れて，一様な流体が一方向に速度 v で流れている場合を考える (図 7.10)。この流体の単位体積あたりのエネルギー (エネルギー密度) が u であったとする。流れの方向に垂直な面 (断面積 A) を時間 Δt の間に通り抜けるエネルギー ΔU を求めよ。また，この面の単位面積を単位時間あたりに通過するエネルギー S (エネルギー流束密度の大きさ) を求めよ。

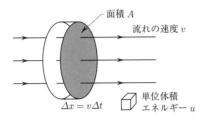

図 7.10 流体が運ぶエネルギー流束密度

[解] Δt の間に A を通り抜ける流体の体積は，断面積 A で幅 $\Delta x = v\Delta t$ なので，$vA\Delta t$ である。したがって，この面を Δt の間に通り抜けるエネルギーは

$$\Delta U = uvA\Delta t \tag{7.57}$$

となる。またエネルギー流束密度は定義より

$$S = \frac{\Delta U}{A\Delta t} = uv \tag{7.58}$$

この結果からわかるとおり，エネルギー流束密度の大きさは (エネルギー密度) × (速度) で表される。

[例題 7.12] 電磁波のエネルギー流束密度：ポインティングベクトル

4.3 節および 6.3 節から，電場と磁場はそれぞれ単位体積あたり

$$u_E = \frac{1}{2}\varepsilon_0 E^2 \tag{7.59}$$

$$u_B = \frac{1}{2\mu_0}B^2 \tag{7.60}$$

のエネルギーをもつ。電場と磁場の振幅がそれぞれ E と B で与えられる電磁波のエネルギー流束密度の大きさ S を求めよ。

[解] 真空中を伝播する磁場の場合，前節より $B = E/c$ であるので，電磁波のもつ単位体積あたりのエネルギー u は

$$u = \frac{1}{2}\left(\varepsilon_0 E^2 + \frac{1}{\mu_0}B^2\right) = \varepsilon_0 E^2 = c\varepsilon_0 EB \tag{7.61}$$

となる。例題 7.11 より，エネルギー流束密度は (単位体積あたりのエネルギー) × (速度) で与えられるので，

$$S = \frac{1}{\mu_0}EB \tag{7.62}$$

上の例題ではエネルギー流束密度の大きさだけを議論したが，これをより拡張して，エネルギー流束密度をベクトル表記することが可能である．これをポインティングベクトルとよぶ．

> (ポインティングベクトル) 電磁波が運ぶエネルギー流束密度は次式で定義されるポインティングベクトルで与えられる．
> $$\bm{S} = \frac{1}{\mu_0}\bm{E}\times\bm{B} \tag{7.63}$$
> このとき，電磁波の進行方向とポインティングベクトルの向きは一致している．このポインティングベクトルはエネルギー保存則を満たす[*1]．ポインティングベクトルの単位は $\mathrm{W/m^2}$ である．

[*1]「エネルギー保存則を満たす」とは，より正確には，
$$\frac{du}{dt} + \bm{\nabla}\cdot\bm{S} = -\bm{J}\cdot\bm{E} \tag{7.64}$$
で表されるエネルギー平衡方程式を満たすことを意味している (章末問題 7.5 参照)．ここで $\bm{J}\cdot\bm{E}$ は単位体積あたりに発生するジュール熱である．

ワットが W=J/s であったことを思い出せば，
$$\frac{\mathrm{W}}{\mathrm{m^2}} = \frac{\mathrm{J}}{\mathrm{m^2\cdot s}} = \frac{\mathrm{J}}{\mathrm{m^3}}\frac{\mathrm{m}}{\mathrm{s}} \tag{7.65}$$
より，(単位体積あたりのエネルギー) × (速度) の次元をもっていることが確かめられる．

7.6.5 さまざまな電磁波

マクスウェル方程式から導かれた電磁波の波動方程式は，波長や振動数について特に規定するものではない．つまり，あらゆる波長 (あるいは振動数) をもつ電磁波について成立するものであり，前節でみた電磁波の性質も全ての電磁波に共通のものである．

現在ではさまざまな波長をもった電磁波が知られ，あらゆる場所で利用されている．図 7.11 にさまざまな電磁波の波長と対応する振動数を示した．

我々が一般に光とよんでいるものは，**可視光** (visible light) のことであり，個人差もあるが $3.8\times 10^{-7} \sim 7.7\times 10^{-7}$ m の電磁波をさす[*2]．可視光の中でも波長の長い赤から順に黄，緑，青を経て紫へと (虹の順に) 色が変化する[*3]．

赤から少し波長を長くしたものが**赤外線** (infrared) である．さらに波長を長くするといわゆる**電波** (radio wave) になる．一方，紫から少し波長を短くしたものが**紫外線** (ultraviolet) である．さらに波長を短くすると **X 線** (X-ray)，**γ 線** (gamma ray) となる．

[*2] 可視光の波長は数百ナノメートル (380 〜 770 nm) 程度と頭に入れておいた方が覚えやすいだろう．

[*3] 虹の色を何色に分類するかは国や地域によって異なる．日本では赤，橙，黄，緑，青，藍，紫の七色が標準であろう．

7.6.6 【発展】一般的な電磁波の波動方程式

ここまでは電磁場の変化の方向に制限を設けて問題を単純化していたが，ここではより一般的な電磁波の波動方程式を導いておく．

式 (7.4‴) の両辺を時間微分すると (光速 $c = 1/\sqrt{\varepsilon_0\mu_0}$ を用いて)
$$\bm{\nabla}\times\frac{\partial\bm{B}}{\partial t} = \frac{1}{c^2}\frac{\partial^2\bm{E}}{\partial t^2} \tag{7.66}$$

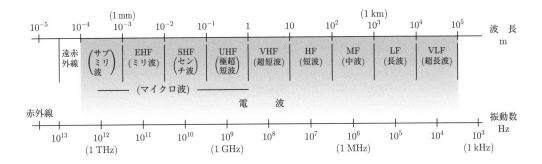
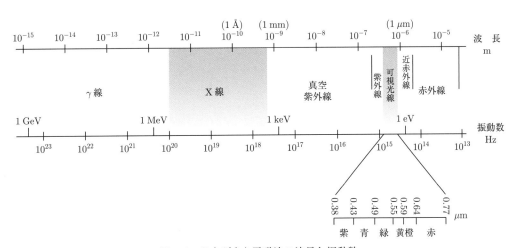

図 7.11 さまざまな電磁波の波長と振動数

となるが,左辺に現れる $\partial \boldsymbol{B}/\partial t$ は (7.3''') より電場の回転に置き換わる。すなわち,

$$-\boldsymbol{\nabla} \times (\boldsymbol{\nabla} \times \boldsymbol{E}) = \frac{1}{c^2} \frac{\partial^2 \boldsymbol{E}}{\partial t^2} \tag{7.67}$$

ベクトルの公式 (章末問題 7.1 参照)

$$\boldsymbol{A} \times (\boldsymbol{B} \times \boldsymbol{C}) = \boldsymbol{B}(\boldsymbol{A} \cdot \boldsymbol{C}) - (\boldsymbol{A} \cdot \boldsymbol{B})\boldsymbol{C}$$

を用いると左辺は $\nabla^2 \boldsymbol{E}$ となる。ここで (7.1''') を用いた。以上より,

$$\nabla^2 \boldsymbol{E} = \frac{1}{c^2} \frac{\partial^2 \boldsymbol{E}}{\partial t^2} \tag{7.68}$$

が導かれる。

磁場についても全く同様の方程式が導かれ,最終的に

$$\nabla^2 \boldsymbol{B} = \frac{1}{c^2} \frac{\partial^2 \boldsymbol{B}}{\partial t^2} \tag{7.69}$$

が導かれる。

(一般的な電磁波の波動方程式) マクスウェル方程式から次の波動方程式が導かれる。

$$\frac{\partial^2 \boldsymbol{E}(\boldsymbol{r},t)}{\partial t^2} = c^2 \nabla^2 \boldsymbol{E}(\boldsymbol{r},t) \tag{7.70}$$

$$\frac{\partial^2 \boldsymbol{B}(\boldsymbol{r},t)}{\partial t^2} = c^2 \nabla^2 \boldsymbol{B}(\boldsymbol{r},t) \tag{7.71}$$

この方程式を解くことで電磁波の波動関数が得られる。

一般的な電磁波の性質を下にまとめておく。
(1) 電磁波はその波長に関わらず光速 c で伝播する。
(2) 電場と磁場の変位の向きは電磁波の進行方向に対して垂直である。つまり，電磁波は横波である。
(3) 電場と磁場の変位は常に直交している。
(4) $\boldsymbol{E}$ 方向から $\boldsymbol{B}$ 方向に右ねじを回転させたときねじが進む方向に電磁波が進行する。

7.7 【発展】ベクトルポテンシャルとスカラーポテンシャル

7.7.1　ベクトルポテンシャル

静電場の場合 $\mathrm{rot}\boldsymbol{E}=0$ なのでこれを満たすように $\boldsymbol{E}=-\mathrm{grad}\,\phi(\boldsymbol{r})$ となる電位 (静電ポテンシャルまたはスカラーポテンシャル) $\phi(\boldsymbol{r})$ を定義できた。これに対して，磁場の場合 $\mathrm{div}\boldsymbol{B}=0$ を満たすように

$$\boldsymbol{B} = \mathrm{rot}\boldsymbol{A} = \nabla \times \boldsymbol{A} \tag{7.72}$$

で定義されるベクトル場 $\boldsymbol{A}$ を導入することができ，このベクトル場のことをベクトルポテンシャル (vector potential) とよぶ。

[例題 7.13] ベクトルポテンシャルの定義を確かめる
式 (7.72) でベクトルポテンシャルを導入したとき，式 (7.2″) を満たしていることを確かめよ。

[解] 磁場の x 成分をベクトルポテンシャルで表すと

$$B_x = (\mathrm{rot}\boldsymbol{A})_x = \frac{\partial A_z}{\partial y} - \frac{\partial A_y}{\partial z} \tag{7.73}$$

である。y, z 成分も同様で，この磁場に対して div をとると

$$\mathrm{div}\boldsymbol{B} = \frac{\partial}{\partial x}\left(\frac{\partial A_z}{\partial y} - \frac{\partial A_y}{\partial z}\right) + \frac{\partial}{\partial y}\left(\frac{\partial A_x}{\partial z} - \frac{\partial A_z}{\partial x}\right) + \frac{\partial}{\partial z}\left(\frac{\partial A_y}{\partial x} - \frac{\partial A_x}{\partial y}\right)$$
$$= 0 \tag{7.74}$$

となるので，確かに $\mathrm{div}\boldsymbol{B}=0$ が満たされている。

より直感的には，次のように考えることもできる。div と rot を ∇ を使って表せば，$\mathrm{div}\boldsymbol{B}$ は

$$\nabla \cdot \boldsymbol{B} = \nabla \cdot (\nabla \times \boldsymbol{A}) \tag{7.75}$$

となる．$(\nabla \times \boldsymbol{A})$ は外積の定義から ∇ に垂直なベクトルである．つまり，$\nabla \cdot (\nabla \times \boldsymbol{A})$ とは，直交している2つのベクトルの内積をとることに相当しているので，明らかにゼロである．

電位 ϕ はその基準の取り方に任意性があった．$\phi' = \phi + C$ と定数項を加えても，その微分で与えられている電場は等しくなる．ベクトルポテンシャルも同様にその微分で磁場が与えられているので，次の例題で見るようにその定義に任意性がある．

[例題 7.14] ベクトルポテンシャルの任意性：ゲージ変換
$\boldsymbol{A}' = \boldsymbol{A} + \mathrm{grad}\,\psi$ で新たなベクトルポテンシャル $\boldsymbol{A}'$ を導入しても，$\boldsymbol{A}$ と等しい磁場を与えることを示せ．なお，ψ はスカラー場である．

[解] $\boldsymbol{A}'$ で与えられる磁場を $\boldsymbol{B}'$ とする．
$$\boldsymbol{B}' = \nabla \times \boldsymbol{A}' = \nabla \times (\boldsymbol{A} + \nabla \psi) = \nabla \times \boldsymbol{A} = \boldsymbol{B} \tag{7.76}$$
より，$\boldsymbol{B}'$ は元の $\boldsymbol{B}$ に一致する．ここで $\nabla \times (\nabla \psi) = 0$ となることを用いた．（∇ と $\nabla \psi$ は平行であり，互いに平行なベクトルの rot はゼロとなる．）

このようにベクトルポテンシャルの定義における任意性を用いて $\boldsymbol{A} \to \boldsymbol{A}' = \boldsymbol{A} + \mathrm{grad}\,\psi$ と変換することを**ゲージ変換** (gauge transformation) という．上の例で見たように，ゲージ変換しても結果が変化しない性質を，**ゲージ不変性** (gauge invariance) という．

7.7.2 スカラーポテンシャル

$\boldsymbol{B} = \nabla \times \boldsymbol{A}$ で定義されるベクトルポテンシャル $\boldsymbol{A}$ を用いて微分形のファラデーの法則 (7.3″) を書き改めると，$\nabla \times \boldsymbol{E} = -(\partial/\partial t)(\nabla \times \boldsymbol{A})$ となる．空間に対する微分と時間に対する微分は順番を入れ替えても等しい結果を与えるので，これはさらに $\nabla \times (\boldsymbol{E} + \partial \boldsymbol{A}/\partial t) = 0$ と表すことができる．$\boldsymbol{E} + \partial \boldsymbol{A}/\partial t$ というベクトルはその rot をとれば 0 になることから，スカラー量の grad で表現することができるはずである．このことから，
$$\boldsymbol{E} = -\nabla \phi(\boldsymbol{r}, t) - \frac{\partial \boldsymbol{A}}{\partial t} \tag{7.3‴}$$
のように表すことができる．ここで導入した $\phi(\boldsymbol{r}, t)$ を**スカラーポテンシャル** (scalar potential) とよぶ．上式はファラデーの法則 (7.3″) をベクトルポテンシャルとスカラーポテンシャルを用いて書き直したことに相当する．ϕ

スカラーポテンシャルもベクトルポテンシャルと同様に，
$$\phi' = \phi - \frac{\partial \psi}{\partial t}$$
でゲージ変換できる．

の前の負符号は，時間変動がない場合の電位と対応がつくようにつけたものである。以降，空間と時間の変数であるスカラーポテンシャルを単に ϕ と表記する。

[例題 7.15] A と ϕ を用いたマクスウェル方程式

(1) 微分形の電場のガウスの法則 (7.1″) をベクトルポテンシャル A とスカラーポテンシャル ϕ を用いて書き直せ。

(2) 微分形のマクスウェル–アンペールの法則 (7.4″) を A と ϕ を用いて書き直せ。ここで公式 $\nabla \times (\nabla \times A) = \nabla(\nabla \cdot A) - \nabla^2 A$ を用いてよいものとする (証明は章末問題 7.1)。

(3) (1) および (2) で求めた関係式に次の条件

$$\nabla \cdot A = -\frac{1}{c^2}\frac{\partial \phi}{\partial t} \tag{7.77}$$

を加えることで ϕ と A を分離して表せ。なお，$c^2 = 1/\varepsilon_0\mu_0$ であり，この条件式はローレンスゲージとよばれる*1。

*1 ローレンスゲージのローレンス (L. Lorenz, 1829-91) はローレンツとよばれることがあるが，ローレンツ力のローレンツ (H. A. Lorentz, 1853-1928) とは別人であることに注意。

[解] (1) ガウスの法則の左辺は

$$\nabla \cdot \left(-\nabla\phi - \frac{\partial A}{\partial t}\right) = -\nabla^2\phi - \frac{\partial}{\partial t}(\nabla \cdot A)$$

これより，

$$-\nabla^2\phi - \frac{\partial}{\partial t}\nabla \cdot A = \frac{\rho}{\varepsilon_0} \tag{7.78}$$

(2) 式 (7.4″) の左辺は問題文にある公式を用いれば

$$\nabla(\nabla \cdot A) - \nabla^2 A$$

である。次に右辺の電場を ϕ と A で表し整理すると式 (7.4″) は

$$\nabla(\nabla \cdot A) - \nabla^2 A + \varepsilon_0\mu_0\frac{\partial}{\partial t}\nabla\phi + \varepsilon_0\mu_0\frac{\partial^2 A}{\partial t^2} = \mu_0 j \tag{7.79}$$

となる。

(3) ゲージ変換しても結果は変化しないことはすでに述べた。実際にはより扱いやすいゲージを選ぶことでより簡明かつ美しい結果を得ることができる。その代表的なゲージがローレンスゲージである。

式 (7.78) と (7.79) はローレンスゲージの下ではそれぞれ

$$\nabla^2\phi - \frac{1}{c^2}\frac{\partial^2 \phi}{\partial t^2} = -\frac{\rho}{\varepsilon_0} \tag{7.80}$$

$$\nabla^2 A - \frac{1}{c^2}\frac{\partial^2 A}{\partial t^2} = -\mu_0 j \tag{7.81}$$

と書き換えられる*2。

*2 ダランベール演算子

$$\Box^2 = \nabla^2 - \frac{1}{c^2}\frac{\partial^2}{\partial t^2}$$

を用いれば

$$\Box^2 \phi = -\frac{\rho}{\varepsilon_0}$$

$$\Box^2 A = -\mu_0 j$$

のようにさらに簡明に表すことができる。3 次元空間に対して三角形で微分演算子を表したのに対して，時間を加えた 4 次元空間の微分演算子を四角形で表している。

式 (7.80) と (7.81) はマクスウェル方程式と同等でなおかつ大変美しい形をしている。この表式では，スカラーポテンシャルは電荷密度に，ベクトルポテンシャルは電流密度に関係づけられる。しかもその関係式はほぼ同じ形をしている。

7章のまとめ

- あらゆる電磁現象を記述するために必要不可欠な方程式が**マクスウェル方程式**であり，電場のガウスの法則，磁場のガウスの法則 (磁気単極子が存在しない証明)，ファラデーの法則，マクスウェル–アンペールの法則，の4方程式からなる。
- マクスウェル方程式は微分形で表すとより簡潔で美しい方程式となる。現代物理学の基本的概念である近接作用の考え方は微分形によって最も的確に表現される。積分形から微分形に変形するには，**発散定理 (ガウスの定理)** と**回転定理 (ストークスの定理)** を用いる。
- **発散 (div)** はある場所におけるわき出し量を表している (発散が負であれば吸い込まれて消失した量に相当する)。
- **回転 (rot)** は渦の回転軸の方向と角速度の大きさを表している。
- マクスウェル方程式はうまく整理して各法則のイメージ (図 7.5) とあわせれば覚えやすく，頭に定着しやすい。
- マクスウェル方程式から**電磁波の波動方程式**が導かれる。この波動方程式より，光だけでなく電磁波は全て光速 $c = 3 \times 10^8 \, \text{m/s}$ で伝播することがわかる。
- 電磁波では，進行方向に垂直な方向にのみ電場と磁場が変位する。そして電場と磁場の変位もたがいに垂直となる。このとき電場と磁場の振幅の比は (磁場の振幅) = (電場の振幅)/(光速) となる。

問　題

7.1 任意のベクトル $\boldsymbol{A}, \boldsymbol{B}, \boldsymbol{C}$ の間に成り立つ関係式
$$\boldsymbol{A} \times (\boldsymbol{B} \times \boldsymbol{C}) = \boldsymbol{B}(\boldsymbol{A} \cdot \boldsymbol{C}) - (\boldsymbol{A} \cdot \boldsymbol{B})\boldsymbol{C}$$
を証明せよ。

7.2 $u(z,t) = f(z \pm vt)$ が波動方程式 (7.47) を満たしていることを示せ。

7.3 電磁波の電場が
$$E_y(z,t) = E_0 \sin(kz - \omega t)$$
で与えられるとき，その電磁波の磁場の関数を求めよ。その結果を例題 7.10 と比較せよ。

7.4 電磁波の電場が
$$E_x(z,t) = E_0 \left[f(z - ct) + g(z + ct) \right]$$
で与えられるとき，その電磁波の磁場の関数を求めよ。$f(X)$ および $g(X)$ は1変

数 X の任意の関数である.またその電磁波のエネルギー密度とポインティングベクトルを求め,両者の関係を求めよ.ただし,エネルギー密度は z 軸正方向と負方向に進む波のエネルギー密度を u_+, u_- とそれぞれに分けて考えてみること.

7.5 マクスウェル方程式 $(7.3'')$ と $(7.4'')$ を用いてエネルギー平衡方程式 (7.64) を証明せよ.

8
【発展】物質中の電磁気学

これまでは全て真空中の電磁気学を扱ってきた。物質中の電磁気学もほぼ同様の扱いができるが，物質を構成する電子や原子のミクロな理解が必要で，難しくなる。これに伴いマクスウェル方程式は変更を受ける。本書の締めくくりとして物質中の電磁気学について簡単に触れる。

8.1 誘 電 体

物質は大きく分けて電気を通す金属 (導体) と通さない絶縁体 (不導体) に二分される。金属中では電子が自由に動き回ることができる (これが電気伝導に寄与する) のに対し，絶縁体では電子は原子に強く束縛され，ほとんど動くことができない (そのため電流が流れない)。絶縁体を電場中におくと，マクロなスケールでは電子の移動はおこらず，何もおこらないかに思える。しかしミクロなスケールでは，原子と電子の相対的な分布に偏りができる。これがもとでマクロなスケールでも電荷の偏りが生じる。この偏りを**電気分極** (dielectric polarization) という。絶縁体では大きさの差はあるものの一般的に分極が生じる。このような電気的性質に着目する場合，絶縁体を特に**誘電体** (dielectric) とよぶ。

半導体は絶対零度では電気を通さないという点で，絶縁体として分類することができる。

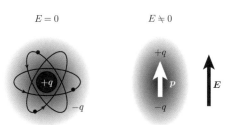

図8.1 ミクロなスケールでの分極

電場中の誘電体では，図 8.1 のように原子を構成する正の電荷をもつ粒子は電場方向に，負の電荷をもつ粒子は逆方向に移動する。ただし両者に引力がはたらいているので，ある程度の距離を保って静止する。このとき正負の電荷は双極子とみなすことができる。2.4 節を思い出せば，電荷間の距離が d のとき，

原子以外でも，たとえば正イオンと負イオンの分子などでも同様である。

表8.1 室温付近での比誘電率 ε_r，理科年表 (国立天文台編) より抜粋

水素	1.000272
酸素	1.000494
窒素	1.000547
アンモニア	1.00071
ベンゼン	2.284
ダイヤモンド	5.68
NaCl	5.9
アセトン	20.7
水	79.9
ビスマス	~ 100
$SrTiO_3$	332
$BaTiO_3$	~ 5000

その双極子モーメントは $p=qd$ である．単位体積あたりに N 個の原子 (や分子) があるとき，誘電体全体としては単位体積あたりに $P=Np=Nqd$ の双極子モーメントをもつ．この双極子モーメント密度 P を分極 (polarization) とよぶ．

外から加える電場 E が十分小さい場合，P は近似的に電場に比例すると考えられ，それを

$$P = \chi_e \varepsilon_0 E \tag{8.1}$$

と表す．χ_e をこの物質の電気感受率 (electric susceptibility) とよぶ．

物質の電磁気学を扱う場合，電場 E の他に新しい場として

$$D = \varepsilon_0 E + P = \varepsilon_0(1+\chi_e)E = \varepsilon_0\varepsilon_r E = \varepsilon E \tag{8.2}$$

で定義される D を導入すると都合がよい場合がある．この D は電束密度とよばれる．比例係数 ε は誘電率 (dielectric constant)，ε_r は比誘電率 (relative dielectric constant) とよばれる．

8.1.1 分極電荷と分極電流

マクロなスケールでの分極は図 8.2 のような例を考えればイメージしやすい．薄い誘電体を正電荷のシートと負電荷のシートが重なったものとみなす．電場がないとき両者は完全に重なっており，いたる所で正負の電荷が打ち消し合

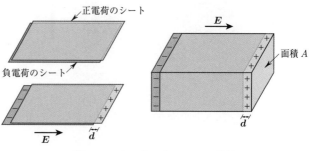

図8.2 マクロなスケールでの分極

い，分極は生じない。そこに電場が加わると正電荷と負電荷のシートが逆方向にずれる。シートが重なったところはやはり正負の電荷が打ち消し合うが，シートの両端にわずかにはみ出した部分ができ，そこは正電荷のみあるいは負電荷のみになる。立体的な場合も同じように考えると，表面に正電荷と負電荷の薄さ d の層ができることがわかる。この表面の面積を A とすると，片側の表面に現れた電荷量は $NqAd$ なので，その面密度は $\sigma_\mathrm{p} = Nqd$ となる。したがって，分極の大きさ $P = Nqd$ は表面電荷の面密度であると理解することができる。

上で見た例をより一般の場合に拡張すると，ある微小面積の表面電荷は

$$\sigma_\mathrm{d} = \boldsymbol{P} \cdot \boldsymbol{n} \tag{8.3}$$

で表される。ここで $\boldsymbol{n}$ は考えている微小面積の単位法線ベクトルである。たとえば図8.3のように，元々中性だった球体が分極して表面に正電荷が集まったとしよう。このときの分極ベクトルは図のように放射状に分布する。このとき，球体内部には表面電荷と同じ電荷量の負の電荷が分布しているはずである。これを**分極電荷** (polarized charge) とよぶ。一般には，分極電荷密度と分極ベクトルの間に次の関係が成り立つ

$$\int_\mathrm{S} \boldsymbol{P} \cdot \boldsymbol{n}\, dS = \int_\mathrm{V} \rho_\mathrm{p}\, dV \tag{8.4}$$

電場のガウスの法則に発散定理を用いたときと同様に考えれば，

$$\rho_\mathrm{p} = -\mathrm{div}\boldsymbol{P} \tag{8.5}$$

の関係が得られる。

電気双極子モーメントは電荷と距離の積なので，その単位は Cm で表される。分極は双極子モーメント"密度"なので，その単位は C/m^2。このことは分極の大きさが表面電荷の面密度であることと符合する。

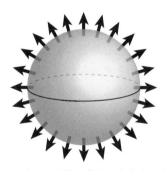

図8.3 分極して表面に電荷が集まったときの分極ベクトル

またこの分極電荷が時間変化すればそれに伴って**分極電流** (polarization current) $\boldsymbol{j}_\mathrm{p}$ が生じる。たとえば図8.1右において，Δt の間に $\pm q$ の電荷が Δx だけ移動して分極したとしよう。この分極に伴う電流は，(電流密度) = (電荷) × (速度) より，$j_\mathrm{p} = Nq\Delta x/\Delta t = \Delta P/\Delta t$ である。より一般的には，分極電荷と分極電流の間の保存則から

$$\boldsymbol{j}_\mathrm{p} = \frac{\partial \boldsymbol{P}}{\partial t} \tag{8.6}$$

と定義することができる。

[例題 8.1] 分極電荷と分極電流との保存則

分極電荷 ρ_p と分極電流 $\boldsymbol{j}_\mathrm{p}$ の間には保存則が成り立つ。それは次の連続の方程式を満たすことによって保証される。

$$\frac{\partial \rho_\mathrm{p}}{\partial t} + \boldsymbol{\nabla} \cdot \boldsymbol{j}_\mathrm{p} = 0 \tag{8.7}$$

このことを用いて分極電流を分極ベクトル $\boldsymbol{P}$ を用いて表せ。

[解] 連続の方程式の左辺は $\rho_\mathrm{p} = -\boldsymbol{\nabla} \cdot \boldsymbol{P}$ を用いれば次のように書き換えられる

$$\frac{\partial \rho_\mathrm{p}}{\partial t} + \boldsymbol{\nabla} \cdot \boldsymbol{j}_\mathrm{p} = \frac{\partial}{\partial t}(-\boldsymbol{\nabla} \cdot \boldsymbol{P}) + \boldsymbol{\nabla} \cdot \boldsymbol{j}_\mathrm{p} = \boldsymbol{\nabla} \cdot \left(-\frac{\partial \boldsymbol{P}}{\partial t}\right) + \boldsymbol{\nabla} \cdot \boldsymbol{j}_\mathrm{p}$$
$$= \boldsymbol{\nabla} \cdot \left(-\frac{\partial \boldsymbol{P}}{\partial t} + \boldsymbol{j}_\mathrm{p}\right) \tag{8.8}$$

これが常にゼロになる (連続の方程式を満たす) ためには,

$$\boldsymbol{j}_\mathrm{p} = \frac{\partial \boldsymbol{P}}{\partial t} \tag{8.9}$$

が必要で, これが分極電流の定義となる。

8.2 磁性体

磁性体といえば鉄やニッケルなどの磁石に引きつけられるものをまず思い浮かべるだろう。こうした物質は**強磁性体** (ferromagnet) とよばれ, 外から磁場を加えなくとも磁気的性質をもつ。しかし強磁性体でない他の物質も磁場を加えれば磁気的性質をもつ。このように物質の磁気的性質に着目する場合, その物質を**磁性体** (magnet) とよぶ。強磁性体以外の磁性体として, 外から加えた磁場の向きと同じ方向の磁化を生じる**常磁性体** (paramagnet) と逆向きの磁化を生じる**反磁性体** (diamagnet) がある。

誘電体における分極とは電気双極子モーメント密度であったのと同様に, 磁性体における**磁化** (magnetization) とは単位体積あたりの磁気 (双極子) モーメントのことである[*1]。

磁場が十分小さい場合, 物質に生じる磁気モーメント密度 $\boldsymbol{M}$ (単位は A/m) は近似的に磁場に比例する。このとき,

$$\boldsymbol{H} = \frac{1}{\mu_0}\boldsymbol{B} - \boldsymbol{M} \tag{8.10}$$

で定義される $\boldsymbol{H}$ を導入すると都合がよい場合がある[*2]。この定義では $\boldsymbol{H}$ は $\boldsymbol{M}$ と同じ単位 (A/m) で表される。歴史的な経緯から, $\boldsymbol{H}$ を単に「磁場」とよび, $\boldsymbol{B}$ を「磁束密度」とよばれることがある。5 章で扱った, 磁荷が作る磁場 $\boldsymbol{H}$ と上の定義は矛盾なくつながっている。この $\boldsymbol{H}$ と磁荷 $\boldsymbol{M}$ の間の比例関係を

[*1] 磁気モーメントには電子や原子のスピンに起因するスピン磁気モーメントと電子の軌道運動に起因する軌道磁気モーメントがあるが, これらの詳細な理解は量子力学を必要とするので, 本書では立ち入らない。

[*2] 大変ややこしいことに, $\boldsymbol{H} = (\boldsymbol{B} - \boldsymbol{M})/\mu_0$ とする定義もあり, いまだに統一されていないので注意が必要である。

表 8.2 室温付近での磁化率 χ_m (下の値に全て 10^{-6} をかける)
理科年表 (国立天文台編) より抜粋

酸素	1355
プラチナ	12.4
アルミニウム	7.7
銅	-1.1
ゲルマニウム	-1.3
水	-9.0
グラファイト	-38
ビスマス	-166

$$\boldsymbol{M} = \chi_\mathrm{m} \boldsymbol{H} \tag{8.11}$$

と表し，比例係数 χ_m をこの物質の**磁気感受率**あるいは**磁化率** (magnetic susceptibility) とよぶ．$\chi_\mathrm{m} > 0$ であれば常磁性体，$\chi_\mathrm{m} < 0$ であれば反磁性体ということになる．

式 (8.10) と (8.11) をあわせて，

$$\boldsymbol{B} = \mu_0(1 + \chi_\mathrm{m})\boldsymbol{H} = \mu_0 \mu_\mathrm{r} = \mu \boldsymbol{H} \tag{8.12}$$

と表すことができる．比例係数 μ は**透磁率** (magnetic permeability)，μ_r は**比透磁率** (relative permeability) とよばれる．

8.2.1 磁気双極子

電荷に対して"磁荷"を仮想的に考えることを許せば，$\pm \tilde{q}_\mathrm{m}$ の磁荷を $\boldsymbol{d}$ だけ離しておいたとき，$\boldsymbol{\mu}_\mathrm{m} = \tilde{q}_\mathrm{m} \boldsymbol{d}$ がその磁気双極子モーメントである*1(電荷双極子モーメントは $\boldsymbol{p} = \tilde{q} \boldsymbol{d}$)．この磁気双極子は例えば小さな棒磁石をイメージすればよい．この磁気双極子を一様な磁場中におくとどうなるか．$+\tilde{q}_\mathrm{m}$ の磁荷は磁場方向に $\boldsymbol{F} = \tilde{q}_\mathrm{m} \boldsymbol{B}$ の力を受け，$-\tilde{q}_\mathrm{m}$ はその反対方向に力を受ける．このとき磁気双極子が受けるトルク (回転軸周りの力のモーメント) は $N = \tilde{q}_\mathrm{m} B d \sin\theta = \mu_\mathrm{m} B \sin\theta$ で与えられる*2．

*1 本節では式を見やすくするため $\tilde{q}_\mathrm{m} = q_\mathrm{m}/\mu_0$ を磁荷とよんでいる．ここで q_m は 5 章で導入した磁荷である．$\tilde{q}_\mathrm{m}$ の単位は N/T=Am である．

*2 トルク N は (力の大きさ)×(支点から力の作用線までの距離) で与えられる (詳しくは姉妹本の『基礎物理学 力学』を参照)．今の場合，磁気双極子の中心が支点にあたり，作用線までの距離は $(d/2)\sin\theta$ である．正負両方の磁荷の寄与を足しあわせると，$N = \tilde{q}_\mathrm{m} B d \sin\theta$ となる．

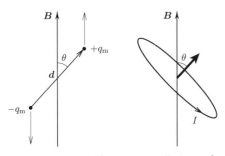

図 8.4 一様な磁場中の磁気双極子と環状電流が受ける力

ところで，電流 I の流れる回路が磁場中におかれた場合，その回路にはたらく力のモーメントは，回路によって囲まれる面積を S，回路の法線ベクトルと磁場の間の角度を θ とすれば $N = ISB \sin\theta$ で与えられる (たとえば章末問題 5.5)．これら 2 種類の力のモーメントを見比べれば，この環状電流は

$$\boldsymbol{\mu}_\mathrm{m} = IS\boldsymbol{n} \tag{8.13}$$

の磁気モーメントをもっていることに等しいことに気づく（電流の方向と $\boldsymbol{n}$ は右ねじの関係を満たす）。すなわち，**環状電流は磁気モーメントと同じはたらきをする**[*1]。この対応関係から，次で見るように物質の磁性を環状電流に基づいて理解することができる。

*1 このことはアンペールが発見したのでアンペールの電流，あるいはアンペールの等価磁石とよばれることもある。

8.2.2 磁化電流

磁性体における磁化 $\boldsymbol{M}$ は誘電体における分極 $\boldsymbol{P}$ と似通っている点が多い。誘電体に電場をかけると電荷が分極して表面に $\pm P$ の電荷密度が生じた。これに対し，磁性体に磁場をかけると"磁荷"が分極して表面に $\pm M$ の"磁荷"密度が生じる，と考えるとイメージしやすい。$\boldsymbol{P}$ が分極により生じた表面電荷の密度であったのに対し，$\boldsymbol{M}$ は磁化により生じた**表面"磁荷"**密度に対応すると考えることができる[*2]。

*2 分極電荷の定義と同様に $\rho_\mathrm{m} = -\mathrm{div}\boldsymbol{M}$ で"磁荷密度"を定義することもできる。

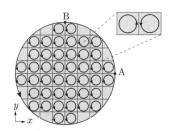

図 8.5　z 方向に磁化した磁性体における環状電流

一様な磁化ベクトルをもつ磁性体を考える。これは図 8.5 のように磁性体のいたる所で微小な環状電流が流れていると解釈することができる。ある隣り合う二つの区画に着目すると，境界を挟んでちょうど反対向きに電流が流れており，結果としてこの境界に電流は流れないことになる。このような打ち消し合いが磁性体のいたる所でおこるので，結局のところ環状電流が流れていないようにもみえる。しかしさらに考察を進めれば，磁性体の端だけはこのような打ち消し合いがおきないことに気づく。したがって，一様な磁化ベクトルをもつ磁性体では，その表面に沿って電流が流れていることになる。たとえば円柱の棒磁石であれば，同じ形のソレノイドコイルと同等となる。この表面に流れる電流を**磁化電流** (magnetizing current) とよぶ。

磁化電流密度 $\boldsymbol{j}_\mathrm{m}$ は磁化 $\boldsymbol{M}$ に起因するのだから，当然両者はある関係式で結ばれる。一般にこれは

$$\boldsymbol{j}_\mathrm{m} = \mathrm{rot}\,\boldsymbol{M} \tag{8.14}$$

で表すことができる。この導出は少し複雑なので詳しくは述べないが，図 8.5 の例で確かにこの関係が成り立っていることを見ておこう。

[例題 8.2] 磁化電流密度

図 8.5 のように，一様な磁化 $\boldsymbol{M} = (0, 0, M)$ をもつ円柱形磁性体の点 A と B

における磁化の回転 rot M の方向を求めよ。

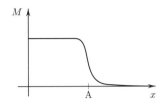

図8.6 点 A 近傍における磁化 M の x 方向依存性

[解] M が一様であれば，その回転は (微分がゼロなので) ゼロになる。したがって物質内部では常に $\nabla \times M$ はゼロである。しかし表面では $M \neq 0$ と $M = 0$ が接しているため，その微分は非常に大きな値をとる。

点 A での磁化 M の x 方向依存性を図 8.6 に示した (理想的には完全な階段関数*となるが，現実的には図のようにやや緩やかな関数となる)。y 方向は点 A を除き物質の外部なので $M = 0$，z 方向は一様なので，両方向の空間変化はない。したがって回転の x 成分を考えると $(\nabla \times M)_x = 0$ となる。一方回転の y 成分は $(\nabla \times M)_y = -\partial M_z/\partial x > 0$ であるので，y 方向に正の値をもつ。z 成分は $M_x, M_y = 0$ から明らかにゼロとなる。まとめると，$\nabla \times M = (0, -\partial M_z/\partial x, 0)$ となる。

点 B の場合も全く同様に考えれば，$\nabla \times M = (\partial M_z/\partial y, 0, 0)$ を得る。ただし，$\partial M_z/\partial y < 0$ である。

以上の結果と $j_\mathrm{m} = \mathrm{rot}\, M$ を考えあわせれば，磁化電流は

$$点 A \quad j_\mathrm{m} = (0, +j, 0) \tag{8.15}$$
$$点 B \quad j_\mathrm{m} = (-j, 0, 0) \tag{8.16}$$

となり $(j > 0)$，確かに表面を回転する電流の向きと一致することがわかる。

* 階段関数とは
$$\theta = \begin{cases} 1 & (x > 0) \\ 0 & (x < 0) \end{cases}$$
で定義される関数である。

8.3 物質中のマクスウェル方程式

最後に物質中のマクスウェル方程式を示そう。物質中では自由電子の電荷 ρ_e とその流れである電流 j_e の他に分極電荷 ρ_p と分極電荷の時間変化としての電流 j_p および磁化による電流 j_m を考える必要がある。これらをあわせて物質中の電荷と電流は

$$\rho = \rho_\mathrm{e} + \rho_\mathrm{p} \tag{8.17}$$
$$j = j_\mathrm{e} + j_\mathrm{p} + j_\mathrm{m} \tag{8.18}$$

となる。ここで次の関係が成り立っていたことを再度確認しておく。

$$\rho_\mathrm{p} = -\nabla \cdot P$$

$$j_{\mathrm{p}} = \frac{\partial \boldsymbol{P}}{\partial t}$$

$$j_{\mathrm{m}} = \boldsymbol{\nabla} \times \boldsymbol{M}$$

[例題 8.3] **物質中のマクスウェル方程式を導く**
式 (8.17) と (8.18) をマクスウェル方程式 (7.1″) と (7.4″) に代入することで物質中のマクスウェル方程式を導け。

[解] ガウスの法則 (7.1″) に (8.17) を代入すると，

$$\boldsymbol{\nabla} \cdot \boldsymbol{E} = \frac{1}{\varepsilon_0} (\rho_{\mathrm{e}} + \rho_{\mathrm{p}}) \tag{8.19}$$

となる。分極電荷は分極ベクトルの勾配で与えられることを用いると，$\boldsymbol{\nabla} \cdot (\varepsilon_0 \boldsymbol{E}) = \rho_{\mathrm{e}} - \boldsymbol{\nabla} \cdot \boldsymbol{P}$ なので

$$\boldsymbol{\nabla} \cdot \boldsymbol{D} = \rho_{\mathrm{e}} \tag{8.20}$$

が得られる。

マクスウェル－アンペールの法則 (7.4″) に (8.18) を代入すると

$$\boldsymbol{\nabla} \times \boldsymbol{B} = \mu_0 (\boldsymbol{j}_{\mathrm{e}} + \boldsymbol{j}_{\mathrm{p}} + \boldsymbol{j}_{\mathrm{m}}) + \varepsilon_0 \mu_0 \frac{\partial \boldsymbol{E}}{\partial t} \tag{8.21}$$

となる。分極電流は分極の時間微分，磁化による電流は磁化の回転で与えられることを用いて

$$\frac{1}{\mu_0} \boldsymbol{\nabla} \times \boldsymbol{B} = \boldsymbol{j}_{\mathrm{e}} + \frac{\partial \boldsymbol{P}}{\partial t} + \boldsymbol{\nabla} \times \boldsymbol{M} + \varepsilon_0 \frac{\partial \boldsymbol{E}}{\partial t}$$

なので

$$\boldsymbol{\nabla} \times \boldsymbol{H} = \boldsymbol{j}_{\mathrm{e}} + \frac{\partial \boldsymbol{D}}{\partial t} \tag{8.22}$$

となる。

【注意】物質中のマクスウェル方程式を得る際，形式的に $\varepsilon_0 \to \varepsilon$, $\mu_0 \to \mu$ の置き換えをし，$\boldsymbol{D} = \varepsilon \boldsymbol{E}$, $\boldsymbol{B} = \mu \boldsymbol{H}$ を用いればよい，と見る向きもあろう。しかしこのとき，$\boldsymbol{D}$ や $\boldsymbol{H}$ の意味を正しく理解しておらず，(7.2″) や (7.3″) までも $\boldsymbol{D}$ や $\boldsymbol{H}$ で書き換えてしまう間違いを犯しやすい。書き換わるのは ρ と j を含む (7.1″) と (7.4″) のみである。特に静的な場合に $\mathrm{rot}\,\boldsymbol{D} = 0$ とは決してならないので注意が必要である。

(7.2″) と (7.3″) は電荷や電流と関係なく成り立つので，物質中においても変更を受けない。最後に物質中のマクスウェル方程式をまとめて本書を終える。

(**物質中のマクスウェル方程式**)

$$\mathrm{div}\,\boldsymbol{D} = \rho_{\mathrm{e}} \tag{7.1″″}$$

$$\mathrm{div}\,\boldsymbol{B} = 0 \tag{7.2″″}$$

$$\mathrm{rot}\,\boldsymbol{E} = -\frac{\partial \boldsymbol{B}}{\partial t} \tag{7.3″″}$$

$$\mathrm{rot}\,\boldsymbol{H} = \boldsymbol{j}_{\mathrm{e}} + \frac{\partial \boldsymbol{D}}{\partial t} \tag{7.4″″}$$

上式における ρ_{e} は自由電子の電荷密度で，$\boldsymbol{j}_{\mathrm{e}}$ は自由電子による電流密度であ

る (D や H を一切導入せずに (7.1'''') と (7.4'''') とを (8.19) と (8.21) で表すこともできる)。

8章のまとめ

- 電気を通さない絶縁体を電場中におくと，電荷の分布に偏りができる。これを**電気分極**といい，この電気的性質に着目する場合，絶縁体を特に**誘電体**とよぶ。
- 電気分極の大きさは表面電荷の面密度であると理解することができる。
- 物質の磁気的性質には，外から磁場を加えなくとも自発的に磁化を生じる**強磁性**，外から加えた磁場と同じ向きに磁化を生じる**常磁性**，あるいは外部磁場の逆向きに磁化を生じる**反磁性**などがある。
- 誘電体における分極が電気双極子モーメント密度であったように，磁性体における**磁化**は磁気モーメント密度のことである。
- 磁気モーメントは磁荷の分極によって作られると考えることができ，磁化の大きさは表面磁荷の面密度に対応すると考えればイメージしやすい。ただし磁荷はあくまで仮想的なものであることに注意すること。

反磁性とカエル

磁石を近づけると遠ざかろうとする性質の存在をビスマスで初めて確認したのはブルグマンスで，1778 年のことである。その後，ファラデーはより詳細にこの性質を調べ，1845 年に「反磁性」と名付けた。あまり知られていないが，身の回りの物質には意外に反磁性を示すものが多い。その中でも，水は比較的大きな反磁性を示す (表 8.2)。

このことを劇的に示すため，ガイムとベリーは強い磁場の中でカエルを空中浮遊させる実験を行った。カエル体内の水の反磁性がカエルを浮かしているのである (原理的には人間も強磁場中で浮くはず)。このデモンストレーションで二人は 2000 年にイグ・ノーベル賞を受賞している。そのわずか 4 年後，ガイムはノヴォセロフと共同でグラファイトの単原子層 (グラフェンとよばれる) の作成に成功し，この業績により今度はノーベル賞を 2010 年に受賞した。ノーベル賞とイグ・ノーベル賞をダブル受賞したのはガイムが初めてである。なお，グラファイト自身も非常に大きな反磁性を示す。手元にあるシャープペンシルの芯に強い磁石を近づける

と，反磁性のためコロコロと逃げていくことが確かめられるはずである。

ただし，製法によっては磁石に近づくシャープペンシルの芯もあるようである。濃さにもよるかもしれない。どの芯が反磁性でどの芯がそうでないかを自分で確かめてみるのも面白いであろう。何か新たな法則性が見つかるかもしれない。

図 8.7 反磁性により空中浮遊するカエル

付録

A.1 ベクトル解析

ベクトルの内積 (scalar product)：2つのベクトル
$$\boldsymbol{A} = (A_x, A_y, A_z), \quad \boldsymbol{B} = (B_x, B_y, B_z)$$
に対してベクトルの内積は
$$\boldsymbol{A} \cdot \boldsymbol{B} = A_x B_x + A_y B_y + A_z B_z \tag{A.1}$$
で定義される。これは，$\boldsymbol{A}$ と $\boldsymbol{B}$ とのなす角を θ としたとき，
$$\boldsymbol{A} \cdot \boldsymbol{B} = |\boldsymbol{A}||\boldsymbol{B}|\cos\theta$$
で与えられるスカラーである。

ベクトルの外積 (vector product)：2つのベクトル
$$\boldsymbol{A} = (A_x, A_y, A_z), \quad \boldsymbol{B} = (B_x, B_y, B_z)$$
に対してベクトルの外積は
$$\boldsymbol{A} \times \boldsymbol{B} = (A_y B_z - A_z B_y,\ A_z B_x - A_x B_z,\ A_x B_y - A_y B_x) \tag{A.2}$$
で定義される。これはベクトルであり，$\boldsymbol{A}$ と $\boldsymbol{B}$ とのなす角を θ としたとき，その大きさが $|\boldsymbol{A} \times \boldsymbol{B}| = |\boldsymbol{A}||\boldsymbol{B}||\sin\theta|$ で与えられるベクトルである。これは図 A.1 のように $\boldsymbol{A}$，$\boldsymbol{B}$ の両方に垂直なベクトルであり，$\boldsymbol{A} \times \boldsymbol{B} = -\boldsymbol{B} \times \boldsymbol{A}$ を満たす。この特別な場合として $\boldsymbol{A} \times \boldsymbol{A} = 0$ となる。

これらの公式を示すのに使われるのがクロネッカーのデルタ δ_{ij} と，完全反対称テンソル (レビ・チビタテンソル) ε_{ijk} である。これらの添え字は x, y, z の値をとり，

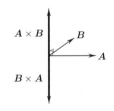

図 **A.1** ベクトルの外積

$$\delta_{ij} = \begin{cases} 1: & i = j \\ 0: & i \neq j \end{cases} \tag{A.3}$$

また ε_{ijk} は，$-1, 1, 0$ の値をとる。$\varepsilon_{xyz} = 1$ であり，任意の 2 つの添え字の交換に対して符号を変え，また任意の 2 つの添え字の値が等しければ 0 となる。つまり
$$\begin{aligned}\varepsilon_{xyz} &= \varepsilon_{yzx} = \varepsilon_{zxy} \\ &= -\varepsilon_{yxz} = -\varepsilon_{zyx} = -\varepsilon_{xzy} \\ &= 1\end{aligned} \tag{A.4}$$

でありそれ以外は 0 である．こうした記号を用いる際には，式の中に 2 度出現する添え字については和をとる (総和の Σ 記号を省略する) というアインシュタインの規約を採用する．これに関する公式を下に掲げる．

$$\boldsymbol{A} \cdot \boldsymbol{B} = A_i B_i \tag{A.5}$$

$$(\boldsymbol{A} \times \boldsymbol{B})_i = \varepsilon_{ijk} A_j B_k \tag{A.6}$$

$$\delta_{ij} a_i = a_j \tag{A.7}$$

$$\varepsilon_{ijk} \varepsilon_{ilm} = \delta_{jl}\delta_{km} - \delta_{jm}\delta_{kl} \tag{A.8}$$

これらの記号を使うと，以下に挙げる内積，外積に関する公式を証明することができる．なお，下で現れる $\boldsymbol{A} \cdot (\boldsymbol{B} \times \boldsymbol{C})$ をスカラー 3 重積といい，ベクトル $\boldsymbol{A}, \boldsymbol{B}, \boldsymbol{C}$ で作られる平行六面体の (符号つき) 体積を表す (「符号つき」というのは，$\boldsymbol{A}, \boldsymbol{B}, \boldsymbol{C}$ の 3 つがこの順に右手系をなすか左手系をなすかによって，+ ないし − の符号をつけるという意味)．また，$\boldsymbol{A} \times (\boldsymbol{B} \times \boldsymbol{C})$ をベクトル 3 重積という．

$$\begin{aligned}
\boldsymbol{A} \cdot (\boldsymbol{B} \times \boldsymbol{C}) &= (\boldsymbol{A} \times \boldsymbol{B}) \cdot \boldsymbol{C} \\
&= \boldsymbol{C} \cdot (\boldsymbol{A} \times \boldsymbol{B}) \\
&= (\boldsymbol{C} \times \boldsymbol{A}) \cdot \boldsymbol{B} \\
&= \boldsymbol{B} \cdot (\boldsymbol{C} \times \boldsymbol{A})
\end{aligned} \tag{A.9}$$

$$\boldsymbol{A} \times (\boldsymbol{B} \times \boldsymbol{C}) = \boldsymbol{B}(\boldsymbol{A} \cdot \boldsymbol{C}) - \boldsymbol{C}(\boldsymbol{A} \cdot \boldsymbol{B}) \tag{A.10}$$

$$(\boldsymbol{A} \times \boldsymbol{B}) \cdot (\boldsymbol{C} \times \boldsymbol{D}) = (\boldsymbol{A} \cdot \boldsymbol{C})(\boldsymbol{B} \cdot \boldsymbol{D}) - (\boldsymbol{A} \cdot \boldsymbol{D})(\boldsymbol{B} \cdot \boldsymbol{C}) \tag{A.11}$$

A.1.1 ベクトル場とスカラー場の微分

ベクトル場やスカラー場に対して微分演算を行うため，微分演算子である

$$\boldsymbol{\nabla} = \left(\frac{\partial}{\partial x}, \frac{\partial}{\partial y}, \frac{\partial}{\partial z} \right)$$

を定義する．この記号はナブラ (nabla) と読む．

これを用いて，スカラー場 $f(\boldsymbol{r})$ に対して勾配 (gradient) $\boldsymbol{\nabla} f = \operatorname{grad} \phi$ を次で定義する．これはベクトル場になる．

$$\boldsymbol{\nabla} f = \operatorname{grad} f = \left(\frac{\partial f}{\partial x}, \frac{\partial f}{\partial y}, \frac{\partial f}{\partial z} \right) \tag{A.12}$$

ベクトル場 $\boldsymbol{A}(\boldsymbol{r})$ に対して発散 (divergence) $\boldsymbol{\nabla} \cdot \boldsymbol{A} = \operatorname{div} \boldsymbol{A}$ を次で定義する．これはスカラー場になる．

$$\begin{aligned}
\boldsymbol{\nabla} \cdot \boldsymbol{A} &= \operatorname{div} \boldsymbol{A} \\
&= \frac{\partial A_x}{\partial x} + \frac{\partial A_y}{\partial y} + \frac{\partial A_z}{\partial z}
\end{aligned} \tag{A.13}$$

ベクトル場 $\boldsymbol{A}(\boldsymbol{r})$ に対して回転 (rotation)

$$\boldsymbol{\nabla} \times \boldsymbol{A} = \operatorname{rot} \boldsymbol{A} = \operatorname{curl} \boldsymbol{A}$$

を次で定義する．これはベクトル場になる．

$$\begin{aligned}
\boldsymbol{\nabla} \times \boldsymbol{A} &= \operatorname{rot} \boldsymbol{A} \\
&= \left(\frac{\partial A_z}{\partial y} - \frac{\partial A_y}{\partial z}, \frac{\partial A_x}{\partial z} - \frac{\partial A_z}{\partial x}, \frac{\partial A_y}{\partial x} - \frac{\partial A_x}{\partial y} \right)
\end{aligned} \tag{A.14}$$

また，スカラー場 $f(\boldsymbol{r})$ に対してラプラシアン (Laplacian) $\Delta f = \boldsymbol{\nabla}^2 f$ を次で定義する。これはスカラー場となる。

$$\Delta f = \boldsymbol{\nabla}^2 f = \frac{\partial^2 f}{\partial x^2} + \frac{\partial^2 f}{\partial y^2} + \frac{\partial^2 f}{\partial z^2} \tag{A.15}$$

ベクトル演算に関する種々の公式を下に掲げる。

$$\boldsymbol{\nabla}(f + g) = \boldsymbol{\nabla} f + \boldsymbol{\nabla} g \tag{A.16}$$

$$\boldsymbol{\nabla} \cdot (\boldsymbol{A} + \boldsymbol{B}) = \boldsymbol{\nabla} \cdot \boldsymbol{A} + \boldsymbol{\nabla} \cdot \boldsymbol{B} \tag{A.17}$$

$$\boldsymbol{\nabla} \times (\boldsymbol{A} + \boldsymbol{B}) = \boldsymbol{\nabla} \times \boldsymbol{A} + \boldsymbol{\nabla} \times \boldsymbol{B} \tag{A.18}$$

$$\boldsymbol{\nabla}(fg) = f\boldsymbol{\nabla} g + g\boldsymbol{\nabla} f \tag{A.19}$$

$$\boldsymbol{\nabla}(\boldsymbol{A} \cdot \boldsymbol{B}) = \boldsymbol{A} \times (\boldsymbol{\nabla} \times \boldsymbol{B})$$
$$+ \boldsymbol{B} \times (\boldsymbol{\nabla} \times \boldsymbol{A})$$
$$+ (\boldsymbol{A} \cdot \boldsymbol{\nabla})\boldsymbol{B} + (\boldsymbol{B} \cdot \boldsymbol{\nabla})\boldsymbol{A} \tag{A.20}$$

$$\boldsymbol{\nabla} \cdot (f\boldsymbol{A}) = f(\boldsymbol{\nabla} \cdot \boldsymbol{A}) + \boldsymbol{A} \cdot (\boldsymbol{\nabla} f) \tag{A.21}$$

$$\boldsymbol{\nabla} \cdot (\boldsymbol{A} \times \boldsymbol{B}) = \boldsymbol{B} \cdot (\boldsymbol{\nabla} \times \boldsymbol{A}) - \boldsymbol{A} \cdot (\boldsymbol{\nabla} \times \boldsymbol{B}) \tag{A.22}$$

$$\boldsymbol{\nabla} \times (f\boldsymbol{A}) = f(\boldsymbol{\nabla} \times \boldsymbol{A}) - \boldsymbol{A} \times (\boldsymbol{\nabla} f) \tag{A.23}$$

$$\boldsymbol{\nabla} \times (\boldsymbol{A} \times \boldsymbol{B}) = \boldsymbol{A}(\boldsymbol{\nabla} \cdot \boldsymbol{B}) - \boldsymbol{B}(\boldsymbol{\nabla} \cdot \boldsymbol{A})$$
$$+ (\boldsymbol{B} \cdot \boldsymbol{\nabla})\boldsymbol{A} - (\boldsymbol{A} \cdot \boldsymbol{\nabla})\boldsymbol{B} \tag{A.24}$$

$$\boldsymbol{\nabla} \times (\boldsymbol{\nabla} \times \boldsymbol{A}) = \boldsymbol{\nabla}(\boldsymbol{\nabla} \cdot \boldsymbol{A}) - \boldsymbol{\nabla}^2 \boldsymbol{A} \tag{A.25}$$

なお $\boldsymbol{\nabla}$ を用いない記法で書くと，

$$\mathrm{grad}(f + g) = \mathrm{grad}\, f + \mathrm{grad}\, g \tag{A.26}$$

$$\mathrm{div}(\boldsymbol{A} + \boldsymbol{B}) = \mathrm{div}\, \boldsymbol{A} + \mathrm{div}\, \boldsymbol{B} \tag{A.27}$$

$$\mathrm{rot}(\boldsymbol{A} + \boldsymbol{B}) = \mathrm{rot}\, \boldsymbol{A} + \mathrm{rot}\, \boldsymbol{B} \tag{A.28}$$

$$\mathrm{grad}(fg) = f\, \mathrm{grad}\, g + g\, \mathrm{grad}\, f \tag{A.29}$$

$$\mathrm{grad}(\boldsymbol{A} \cdot \boldsymbol{B}) = \boldsymbol{A} \times \mathrm{rot}\, \boldsymbol{B} + \boldsymbol{B} \times \mathrm{rot}\, \boldsymbol{A}$$
$$+ (\boldsymbol{A} \cdot \mathrm{grad})\, \boldsymbol{B} + (\boldsymbol{B} \cdot \mathrm{grad})\, \boldsymbol{A} \tag{A.30}$$

$$\mathrm{div}(f\boldsymbol{A}) = f\, \mathrm{div}\, \boldsymbol{A} + \boldsymbol{A} \cdot \mathrm{grad}\, f \tag{A.31}$$

$$\mathrm{div}(\boldsymbol{A} \times \boldsymbol{B}) = \boldsymbol{B} \cdot \mathrm{rot}\, \boldsymbol{A} - \boldsymbol{A} \cdot \mathrm{rot}\, \boldsymbol{B} \tag{A.32}$$

$$\mathrm{rot}(f\boldsymbol{A}) = f\, \mathrm{rot}\, \boldsymbol{A} - \boldsymbol{A} \times \mathrm{grad}\, f \tag{A.33}$$

$$\mathrm{rot}(\boldsymbol{A} \times \boldsymbol{B}) = \boldsymbol{A}\, \mathrm{div}\, \boldsymbol{B} - \boldsymbol{B}\, \mathrm{div}\, \boldsymbol{A}$$
$$+ (\boldsymbol{B} \cdot \mathrm{grad})\, \boldsymbol{A} - (\boldsymbol{A} \cdot \mathrm{grad})\, \boldsymbol{B} \tag{A.34}$$

$$\mathrm{rot}(\mathrm{rot}\, \boldsymbol{A}) = \mathrm{grad}(\mathrm{div}\, \boldsymbol{A}) - \boldsymbol{\nabla}^2 \boldsymbol{A} \tag{A.35}$$

また，よく用いられる公式として

$$\boldsymbol{\nabla} \cdot (\boldsymbol{\nabla} \times \boldsymbol{A}) = \mathrm{div}(\mathrm{rot}\, \boldsymbol{A}) = 0 \tag{A.36}$$

$$\boldsymbol{\nabla} \times \boldsymbol{\nabla} f = \mathrm{rot}(\mathrm{grad}\, f) = 0 \tag{A.37}$$

がある。

A.1.2 ベクトル場とスカラー場の積分

ある領域 V に対してスカラー場 $\phi(\boldsymbol{r})$ の**体積積分** (volume integral) を次で定義する。

$$\int_V \phi(\boldsymbol{r})\, dV \tag{A.38}$$

ここで $dV = dxdydz$ は微小体積を表わし，座標に関する 3 重積分で表される。

$$\int_V \phi(\boldsymbol{r})dV = \int\int\int_V \phi(\boldsymbol{r})dxdydz \tag{A.39}$$

またある曲面 S に対して，ベクトル場 $\boldsymbol{A}(\boldsymbol{r})$ の**面積分** (surface integral) を

$$\int_S \boldsymbol{A}\cdot\boldsymbol{n}\, dS \tag{A.40}$$

で定義する。ここで，dS は曲面上の微小面積，$\boldsymbol{n}$ は曲面の単位法線ベクトル ($|\boldsymbol{n}|=1$) である。なお曲面の単位法線ベクトルは向きが 2 種類あるため，面積分の際にはどちらの向きをとるか指定しておく必要がある。これは 2 重積分として

$$\int_S \boldsymbol{A}\cdot\boldsymbol{n}\, dS = \int\int_S (A_x dydz + A_y dzdx + A_z dxdy) \tag{A.41}$$

と表せる。なぜなら $\boldsymbol{A}\cdot\boldsymbol{n}\, dS = (A_x n_x + A_y n_y + A_z n_z)dS$ であり，ここで $n_x dS = (\boldsymbol{n}\cdot\mathbf{e}_x)dS = dS\cos\theta_x$ (θ_x は $\boldsymbol{n}$ が x 軸となす角) は微小面積の yz 面への射影であるため，yz 面内の微小面積 $dydz$ となるからである。

また，曲線 C 上のベクトル場 $\boldsymbol{A}(\boldsymbol{r})$ の**線積分** (line integral) を，曲線 C に対して

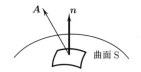

図 **A.2** ベクトル場の面積分

$$\int_C \boldsymbol{A}\cdot d\boldsymbol{s} \tag{A.42}$$

で定義する。ここで $d\boldsymbol{s} = (dx, dy, dz)$ である。これは別の書き方をすると，$d\boldsymbol{s} = \boldsymbol{t}ds$ であり，

$$ds \equiv |d\boldsymbol{s}| = \sqrt{(dx)^2 + (dy)^2 + (dz)^2}$$

は曲線上の微小長さ，$\boldsymbol{t}$ は曲線の単位接線ベクトル ($|\boldsymbol{t}|=1$) である。なお曲線の単位接線ベクトルは向きが 2 種類あるため，線積分の際にはどちらの向きをとるか指定しておく必要がある。この線積分は

$$\int_C \boldsymbol{A}\cdot d\boldsymbol{s} = \int_C (A_x dx + A_y dy + A_z dz) \tag{A.43}$$

とかける。なお線積分において始点と終点が一致している場合を特に**周回積分** (contour integral) とよび，周回積分であることを強調するために，

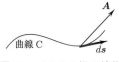

図 **A.3** ベクトル場の線積分

$$\oint_C \boldsymbol{A}\cdot d\boldsymbol{s} \tag{A.44}$$

とかくことがある。

A.1.3　ガウスの定理とストークスの定理

ガウスの定理 (Gauss theorem)

領域 V とその境界をなす閉曲面 ∂V に対して，

$$\int_V (\mathrm{div}\boldsymbol{A})dV = \int_{\partial V} \boldsymbol{A}\cdot\boldsymbol{n}\,dS \tag{A.45}$$

ストークスの定理 (Stokes theorem)

曲面 S とその境界をなす閉曲線 ∂S に対して，

$$\int_S (\mathrm{rot}\boldsymbol{A})\cdot\boldsymbol{n}\,dS = \oint_{\partial S} \boldsymbol{A}\cdot d\boldsymbol{s} \tag{A.46}$$

同様の系統の定理として，線積分については以下の性質がある。

$$\int_{\boldsymbol{A}}^{\boldsymbol{B}} (\mathrm{grad}\,f)\cdot d\boldsymbol{s} = f(\boldsymbol{B}) - f(\boldsymbol{A}) \tag{A.47}$$

A.2 ギリシャ文字表

大文字	小文字	英語名	読み方
A	α	alpha	アルファ
B	β	beta	ベータ
Γ	γ	gamma	ガンマ
Δ	δ	delta	デルタ
E	ϵ, ε	epsilon	イ (エ) プシロン
Z	ζ	zeta	ゼータ (ツェータ)
H	η	eta	イータ
Θ	θ, ϑ	theta	シータ
I	ι	iota	イオタ
K	κ	kappa	カッパ
Λ	λ	lambda	ラムダ
M	μ	mu	ミュー
N	ν	nu	ニュー
Ξ	ξ	xi	グザイ (クシー)
O	o	omicron	オミクロン
Π	π, ϖ	pi	パイ
P	ρ, ϱ	rho	ロー
Σ	σ, ς	sigma	シグマ
T	τ	tau	タウ
Υ	υ	upsilon	ウプシロン
Φ	ϕ, φ	phi	ファイ
X	χ	chi	カイ
Ψ	ψ	psi	プサイ
Ω	ω	omega	オメガ

A.3 接頭語表

接頭語	記号	倍数
ヨタ	Y	10^{24}
ゼタ	Z	10^{21}
エクサ	E	10^{18}
ペタ	P	10^{15}
テラ	T	10^{12}
ギガ	G	10^{9}
メガ	M	10^{6}
キロ	k	10^{3}
ヘクト	h	10^{2}
デカ	da	10
		1
デシ	d	10^{-1}
センチ	c	10^{-2}
ミリ	m	10^{-3}
マイクロ	μ	10^{-6}
ナノ	n	10^{-9}
ピコ	p	10^{-12}
フェムト	f	10^{-15}
アト	a	10^{-18}
ゼプト	z	10^{-21}
ヨクト	y	10^{-24}

A.4 物理定数表

名称	記号と数値	単位
真空中の光速	$c = 2.99792458 \times 10^8$ (定義値)	m/s
真空中の透磁率	$\mu_0 = 4\pi \times 10^{-7} = 1.256637\cdots \times 10^{-6}$ (定義値)	N/A^2
真空中の誘電率	$\varepsilon_0 = \frac{1}{\mu_0 c^2} = 8.8541878\cdots \times 10^{-12}$ (定義値)	F/m
絶対零度	-273.15 (定義値)	°C
アボガドロ定数	$N_A = 6.02214129(27) \times 10^{23}$	1/mol
ボルツマン定数	$k_B = 1.3806488(13) \times 10^{-23}$	J/K
プランク定数	$h = 6.62606957(29) \times 10^{-34}$	J·s
電子の電荷 (電気素量)	$e = 1.602176565(35) \times 10^{-19}$	C
電子の質量	$m_e = 9.10938291(40) \times 10^{-31}$	kg
陽子の質量	$m_p = 1.672621777(74) \times 10^{-27}$	kg

演習問題解答

第 2 章

2.1 対称性から，z 軸上の点での電場は z 軸方向。計算のために円を微小部分に分割して，積分で計算する。原点中心の極座標を取ると，角度 θ から $\theta + \Delta\theta$ の間の長さ $R\Delta\theta$ には電荷が $\lambda R\Delta\theta$ 存在する。これによる電場の z 成分は

$$\frac{\lambda R\Delta\theta}{4\pi\varepsilon_0}\frac{a}{(a^2+R^2)^{3/2}}$$

これを θ について積分すると，求める電場の z 成分は

$$E_z = \int_0^{2\pi} \frac{\lambda R d\theta}{4\pi\varepsilon_0}\frac{a}{(a^2+R^2)^{3/2}} = \frac{\lambda R}{2\varepsilon_0}\frac{a}{(a^2+R^2)^{3/2}}$$

なお x, y 成分はゼロ。

2.2 対称性から，z 軸上の点 P$(0,0,a)$ での電場は z 軸方向。計算のために平面を微小部分に分割して，積分で計算する。原点中心の極座標を取り，r から $r+\Delta r$，ϕ から $\phi + \Delta\phi$ の微小領域を考えると，その面積は $r\Delta r\Delta\phi$ で，そこには電荷が $\sigma r\Delta r\Delta\phi$ 存在する。これによる電場の z 成分は

$$\frac{\sigma r\Delta r\Delta\phi}{4\pi\varepsilon_0}\frac{a}{(a^2+r^2)^{3/2}}$$

これを r, ϕ について積分すると，求める電場の z 成分は

$$\begin{aligned} E_z &= \int_0^\infty dr \int_0^{2\pi} d\phi \frac{\sigma r}{4\pi\varepsilon_0}\frac{a}{(a^2+r^2)^{3/2}} \\ &= \int_0^\infty dr \frac{\sigma r}{2\varepsilon_0}\frac{a}{(a^2+r^2)^{3/2}} \\ &= \int_{a^2}^\infty ds \frac{\sigma}{4\varepsilon_0}\frac{a}{s^{3/2}} \\ &= \frac{\sigma}{2\varepsilon_0} \end{aligned}$$

なお x, y 成分はゼロ。なお，これは $a > 0$ について求めたもので，$z < 0$ の側では電場は $\left(0, 0, -\dfrac{\sigma}{2\varepsilon_0}\right)$ となる。

2.3 (1) 点 r での電場は $\boldsymbol{E} = C\boldsymbol{r}/r$ と表され，$\boldsymbol{r}$ に平行である。そのため，電位の基準を原点にとると，点 $\boldsymbol{r}$ での電位は

$$\phi(\boldsymbol{r}) = \int_r^0 E(r)dr = \int_r^0 C dr = -Cr$$

(2) 原点 O から点 (X, Y, Z) に電荷 Q を移動する間に，電場がした仕事は，$\boldsymbol{R} = (X, Y, Z)$ とおくと，$|\boldsymbol{R}| = \sqrt{X^2+Y^2+Z^2}$ なので

$$Q(\phi(\boldsymbol{r}=0) - \phi(\boldsymbol{R})) = QC\sqrt{X^2+Y^2+Z^2}$$

2.4 原点にある電気双極子モーメント $\boldsymbol{p}_1 = (p, 0, 0)$ が $\boldsymbol{r} = (0,0,d)$ に作る電場は，

$$\boldsymbol{E} = \frac{3(\boldsymbol{p}_1\cdot\boldsymbol{r})\boldsymbol{r} - r^2\boldsymbol{p}_1}{4\pi\varepsilon_0 r^5} = \frac{-1}{4\pi\varepsilon_0 d^3}(p,0,0)$$

これにより，電気双極子モーメント $\boldsymbol{p}_2$ が受けるトルク $\boldsymbol{N}$ は

$$\boldsymbol{N} = \boldsymbol{p}_2 \times \boldsymbol{E} = \left(0, \frac{-p^2}{4\pi\varepsilon_0 d^3}, 0\right)$$

2.5 (1) 原点にある電気双極子モーメント $\boldsymbol{p}_1 = (0,0,p)$ が $\boldsymbol{r} = (x,y,z)$ に作る電場 $\boldsymbol{E}$ を求め，そこから，位置 $\boldsymbol{d} = (0,0,d)$ にある電気双極子モーメント $\boldsymbol{p}_2 = (0,0,p)$ が受ける力 $\boldsymbol{F} = (\boldsymbol{p}_2\cdot\nabla)\boldsymbol{E}$ を求める。対称性 (z 軸まわりの軸対称性) から，力 $\boldsymbol{F}$ は z 軸方向なので，その z 成分

$$F_z = (\boldsymbol{p}_2\cdot\nabla)E_z = p\frac{\partial E_z}{\partial z}$$

を求めればよく，$\dfrac{\partial E_z}{\partial z}$ の計算をすればよい。したがって，z 軸上の点 $(0,0,z)$ $(z>0)$ での電場の z 成分を

求めると
$$E_z(0,0,z) = \left.\frac{3(\boldsymbol{p}_1\cdot\boldsymbol{r})\boldsymbol{r} - r^2\boldsymbol{p}_1}{4\pi\varepsilon_0 r^5}\right|_{\boldsymbol{r}=(0,0,z)} = \frac{p}{2\pi\varepsilon_0 z^3}$$

したがって，求める力の z 成分は
$$F_z = p\left.\frac{\partial E_z}{\partial z}\right|_{z=d} = -\frac{3p^2}{2\pi\varepsilon_0 d^4}$$

となる。x,y 成分はゼロ。

(2) 点 $(0,0,l/2)$ と $(0,0,d+l/2)$ に電荷 $+q$ があり，点 $(0,0,-l/2)$ と $(0,0,d-l/2)$ に電荷 $-q$ があるとして，$(0,0,d\pm l/2)$ の電荷にかかる力の合力 $\boldsymbol{F}$ を計算すると，x,y 成分はゼロで，z 成分は

$$\begin{aligned}
F_z &= \frac{q^2}{4\pi\varepsilon_0}\left(\frac{2}{d^2} - \frac{1}{(d-l)^2} - \frac{1}{(d+l)^2}\right)\\
&= \frac{q^2}{4\pi\varepsilon_0 d^2}\left(2 - \left(1-\frac{l}{d}\right)^{-2} - \left(1+\frac{l}{d}\right)^{-2}\right)\\
&\simeq \frac{q^2}{4\pi\varepsilon_0 d^2}\left(2 - \left(1+\frac{2l}{d}+3\frac{l^2}{d^2}\right)\right.\\
&\qquad\qquad\left. - \left(1-\frac{2l}{d}+3\frac{l^2}{d^2}\right)\right)\\
&= -\frac{3q^2 l^2}{2\pi\varepsilon_0 d^4}\\
&= -\frac{3p^2}{2\pi\varepsilon_0 d^4}
\end{aligned}$$

となる。ここで $p=ql$ および $(1+x)^{-2} \simeq 1-2x+3x^2$ ($|x|\le 1$) を用いた。

第 3 章

3.1 内側球殻，外側球殻に誘起される電荷をそれぞれ q_1, q_2 とおく。球対称性から電場は放射状になっており，原点から距離 r の点の電場の強さ $E(r)$ は，ガウスの法則を，中心を O として半径 r の球について適用することで求められる。また電位 $\phi(r)$ は無限遠を基準として求めることにする。

(a) $R_2 \le r$ のとき，$\varepsilon_0 E(r)\cdot 4\pi r^2 = q_1 + q_2$ より，$E(r) = \dfrac{q_1+q_2}{4\pi\varepsilon_0 r^2}$。電位は
$$\phi(r) = \int_r^\infty E(r)dr = \frac{q_1+q_2}{4\pi\varepsilon_0 r}$$

(b) $R_1 \le r \le R_2$ のとき，$\varepsilon_0 E(r)\cdot 4\pi r^2 = q_1$ より，$E(r) = \dfrac{q_1}{4\pi\varepsilon_0 r^2}$。電位は
$$\begin{aligned}
\phi(r) &= \phi(R_2) + \int_r^{R_2} E(r)dr\\
&= \frac{q_1+q_2}{4\pi\varepsilon_0 R_2} + \frac{q_1}{4\pi\varepsilon_0}\left(\frac{1}{r}-\frac{1}{R_2}\right)
\end{aligned}$$

(c) $r \le R_1$ のとき，$\varepsilon_0 E(r)\cdot 4\pi r^2 = 0$ より，$E(r) = 0$
内側の球殻の電位はゼロ，外側の球殻の電位は V なので，
$$\phi(R_2) = \frac{q_1+q_2}{4\pi\varepsilon_0 R_2} = V,$$
$$\phi(R_1) = \frac{q_1+q_2}{4\pi\varepsilon_0 R_2} + \frac{q_1}{4\pi\varepsilon_0}\left(\frac{1}{R_1}-\frac{1}{R_2}\right) = 0$$

よって，
$$q_1 = \frac{-4\pi\varepsilon_0 V R_1 R_2}{R_2 - R_1}, \quad q_2 = \frac{4\pi\varepsilon_0 V R_2^2}{R_2 - R_1}$$

3.2 A および C にある電荷をそれぞれ q_A, q_C とする。以下ではガウスの法則を何度か適用するが，その際には平板に平行で，平板と同じ形の底面をもち，ある平板の両側にまたがるような高さをもつ柱体の表面について適用する。AB 間の電場を B→A 向きに E_{BA} とおくと，平板 A をまたぐ柱体にガウスの法則を適用し，
$$-\varepsilon_0 E_{BA} S = q_A \rightarrow E_{BA} = -\frac{q_A}{\varepsilon_0 S}$$

また，CB 間の電場を B→C 向きに E_{BC} とおくと，平板 C をまたぐ柱体にガウスの法則を適用し，
$$-\varepsilon_0 E_{BC} S = q_C \rightarrow E_{BC} = -\frac{q_C}{\varepsilon_0 S}$$

さらに平板 B をまたぐ柱体にガウスの法則を適用し，
$$\varepsilon_0(E_{BA} + E_{BC})S = Q \rightarrow q_A + q_C = -Q$$

また，求める電位差を V とおくと，
$$aE_{BA} = 3aE_{BC} = V$$

これらを解いて，
$$q_A = -\frac{3Q}{4}, \quad q_C = -\frac{Q}{4}, \quad V = \frac{3aQ}{4\varepsilon_0 S}$$

3.3 球殻 S_1 に誘起される電荷を q とおくと，球殻 S_3 に誘起される電荷は $-q$ となる。電場の分布は球対称なので，電場は放射状で，その強さは中心からの距離 r によるので，それを $E(r)$ とおく。また電位を $\phi(r)$ とおく。

半径 r の球面でガウスの法則を適用して，$E(r)$ および $\phi(r)$ を求める。球殻 S_1 を電位の基準としておく。$R \le r \le 2R$ のとき，
$$\varepsilon_0 E(r)\cdot 4\pi r^2 = q \rightarrow E(r) = \frac{q}{4\pi\varepsilon_0 r^2}$$
$$\phi(r) = \int_r^R E(r)dr = \frac{q}{4\pi\varepsilon_0}\left(\frac{1}{r}-\frac{1}{R}\right)$$

また $2R \le r \le 3R$ のとき，

$$\varepsilon_0 E(r) \cdot 4\pi r^2 = q + Q \rightarrow E(r) = \frac{q+Q}{4\pi\varepsilon_0 r^2}$$

$$\phi(r) = \phi(2R) + \int_r^{2R} E(r)dr$$

$$= \frac{-q}{4\pi\varepsilon_0}\frac{1}{2R} + \frac{q+Q}{4\pi\varepsilon_0}\left(\frac{1}{r} - \frac{1}{2R}\right)$$

となる。球殻 S_3 と S_1 とは導線でつながれていて，$\phi(3R) = 0$ となるはずなので，

$$\frac{q}{2R} + \frac{q+Q}{6R} = 0 \rightarrow q = -\frac{Q}{4}$$

よって，球殻 S_1，S_3 にある電荷はそれぞれ $-\frac{Q}{4}$，$\frac{Q}{4}$ である。

3.4 電場の分布は軸対称なので，軸から放射状になっており，その強さは軸からの距離 r のみの関数なので，それを $E(r)$ とかく。外側および内側の円筒の高さ方向の単位長さあたりに蓄積している電荷を，それぞれ ρ_2，ρ_1 とおく。ガウスの法則での閉曲面として，2つの円筒と軸を共有する，高さ b の円筒面を考える。円筒の高さ b は任意である。底面の半径を r とする。

外側円筒の外側 ($R_2 \leq r$) についてガウスの法則を適用すると，

$$\varepsilon_0 E(r) \cdot 2\pi rb = (\rho_1 + \rho_2)b \Rightarrow E(r) = \frac{\rho_1 + \rho_2}{2\pi\varepsilon_0 r}$$

となる。ここで外側円筒は接地されており，無限遠と同じ電位なので，外側円筒の外側の電場はゼロでなければならない。すなわち $\rho_2 = -\rho_1$ となる。

また円筒同士の間 ($R_1 \leq r \leq R_2$) についてガウスの法則を適用する。無限遠の電位 (つまり外側円筒の電位 $\phi(R_2)$) をゼロとして，

$$\varepsilon_0 E(r) \cdot 2\pi rb = \rho_1 b$$

$$\Rightarrow E(r) = \frac{\rho_1}{2\pi\varepsilon_0 r},$$

$$\phi(r) = \phi(R_2) + \int_r^{R_2} E(r)dr = \frac{\rho_1}{2\pi\varepsilon_0}\log\frac{R_2}{r}$$

したがって，2つの円筒の電位差は，

$$V = \frac{\rho_1}{2\pi\varepsilon_0}\log\frac{R_2}{R_1}$$

よって，

$$\rho_1 = \frac{2\pi\varepsilon_0 V}{\log\frac{R_2}{R_1}}, \; \rho_2 = -\frac{2\pi\varepsilon_0 V}{\log\frac{R_2}{R_1}}$$

3.5 (1) $\boldsymbol{E} = -\mathrm{grad}\,\phi$ である。したがって，$z > 0$ のとき $\boldsymbol{E} = (0, 0, -C)$，$z < 0$ のとき $\boldsymbol{E} = (0, 0, C)$ となる。よって，$z > 0$，$z < 0$ それぞれの領域で電場は一様であり，たとえば $C > 0$ として図示すると図 P3.1 のようになる。

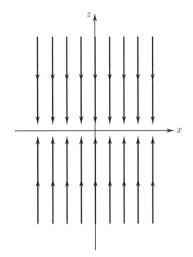

図 P3.1 章末問題 3.5(1) の解答

(2) 電気力線の吸い込み ($C > 0$ のとき) ないしわき出し ($C < 0$) は xy 面であるので，電荷は xy 面に一様に分布していることになる。その面密度を σ として，底面が xy 面に平行で底面積は S(任意) であり，2枚の底面がそれぞれ $z < 0$ と $z > 0$ の領域にある柱体を考えて，ガウスの定理を適用する。

$$\varepsilon_0(-C) \cdot 2S = S\sigma \rightarrow \sigma = -2\varepsilon_0 C$$

よって，xy 面内に面密度 $-2\varepsilon_0 C$ で一様に電荷が分布している。

第 4 章

4.1 図 P4.1 のように，導体表面の微小部分の面積を dS，その法線方向の単位ベクトルを $\boldsymbol{n}$ とする。微小部分にはたらく力は，微小部分にある電荷に，それ以外の部分にある電荷が作る電場が作用することによって生ずる。そこで，微小面積部分にある表面電荷が作る電場と，その他の部分にある電荷が作る電場をそれぞれ独立に求め，それらを重ね合わせることで微小面積部分近傍の合成電場を導き出すことから始めよう。

まず，簡単のため $\sigma > 0$ とし，図 P4.1(a) のように，微小部分にある表面電荷がその近傍に作る外向きの電場を $\boldsymbol{E}_\sigma^{\mathrm{out}}$，内向きの電場を $\boldsymbol{E}_\sigma^{\mathrm{in}}$ とすると，両者の方向は微小面積の法線ベクトルと同じ向き，および逆向きであり，また，両者の大きさ $E_\sigma^{\mathrm{out}} \equiv |\boldsymbol{E}_\sigma^{\mathrm{out}}|$，お

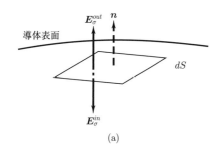

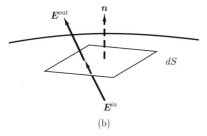

図 P 4.1　微小面積部分近傍の電場

および $E_\sigma^{\text{in}} \equiv |\boldsymbol{E}_\sigma^{\text{in}}|$ の間には

$$E_\sigma^{\text{out}} = E_\sigma^{\text{in}} \equiv E_\sigma' \tag{1}$$

の関係が成り立つ。

次に，図 P 4.1(b) のように，微小面積部分以外の場所にある電荷が微小部分近傍の外側および内側に作る電場をそれぞれ $\boldsymbol{E}^{\text{out}}$ および $\boldsymbol{E}^{\text{in}}$ とすると，これらは微小部分近傍では連続であるべきなので，

$$\boldsymbol{E}^{\text{out}} = \boldsymbol{E}^{\text{in}} \tag{2}$$

である。ところで，導体中の電場は 0 なので，これより次式が成り立つ。

$$\boldsymbol{E}_\sigma^{\text{in}} + \boldsymbol{E}^{\text{in}} = 0 \tag{3}$$

$E' \equiv |\boldsymbol{E}^{\text{out}}| = |\boldsymbol{E}^{\text{in}}|$ とすると，式 (1)–(3) より，

$$E_\sigma^{\text{out}} = E_\sigma^{\text{in}} \equiv E_\sigma' = E' \tag{4}$$

であることがわかる。さらに，式 (3) より電場 $\boldsymbol{E}^{\text{out}}$ も，そして当然 $\boldsymbol{E}^{\text{in}}$ も微小部分の法線方向を向くことがわかる。

以上の議論より，微小部分の外側近傍には

$$\boldsymbol{E} = \boldsymbol{E}_\sigma^{\text{out}} + \boldsymbol{E}^{\text{out}}$$

の電場が生成されており，$E \equiv |\boldsymbol{E}|$ とすると，

$$E = 2E_\sigma' \equiv 2E'$$

となることがわかる。ところで，微小部分近傍にガウスの法則を適用することにより（式 (4.4) 参照），

$$E = \frac{\sigma}{\varepsilon_0}$$

が導出されるので，

$$E' = \frac{\sigma}{2\varepsilon_0}$$

となる。したがって大きさ E' の電場によって面積 dS の微小部分にある表面電荷にかかる力の大きさ f は

$$f = \sigma dS E' = \frac{\sigma^2}{2\varepsilon_0} dS$$

で与えられ，その方向は，微小部分の法線方向と同じ向きである。同様の議論は $\sigma < 0$ の場合でも展開でき，表面電荷にかかる力の大きさ及び方向は $\sigma > 0$ の場合と同じ結果となる。

4.2 コンデンサーの極板には，大きさが Q で極性が正と負の電荷が蓄えられるので，互いに引きつけようとする力がはたらく。問題 4.1 より，導体表面には単位面積当たり

$$\frac{\sigma^2}{2\varepsilon_0}$$

の大きさの力がはたらくので，極板全体には，式 (4.4) を用いて

$$f = \frac{\sigma^2}{2\varepsilon_0} S \equiv \frac{1}{2}\varepsilon_0 S E^2$$

の大きさの引力がはたらくことがわかる。

4.3 [例題 4.6] および [例題 4.8] より，半径 a の導体球表面の正電荷 Q がその外側に作る電場の大きさ $E(r)$ $(a < r < b)$ は

$$E(r) = \frac{1}{4\pi\varepsilon_0}\frac{Q}{r^2}$$

で与えられる。一方，導体球の外側にある球殻の内側表面の負電荷が作る電場の大きさは球殻内部 $(r < b)$ の領域では 0 であることは自明である。よって，導体球と球殻の間の電位差 V は，

$$V = \int_a^b E(r)dr = \frac{Q}{4\pi\varepsilon_0}\left(\frac{1}{a} - \frac{1}{b}\right)$$

で与えられる。よって，この球型コンデンサーの静電容量 C は，

$$C = Q/V = 4\pi\varepsilon_0 \frac{ab}{b-a}$$

で与えられる。

4.4 半径 R の導体球の表面には

$$Q = 4\pi R^2 \sigma$$

の電荷が蓄えられており ([例題 4.6] 参照)，原点 O から距離 R の点での電場の大きさ $E(R)$ は，ガウスの法則を用いることにより，

$$E(r) = \frac{1}{4\pi\varepsilon_0}\frac{Q}{R^2}$$

で与えられる。よって，この導体球に蓄えられている静電エネルギー U_e は，式 (4.36) を用いて，

$$U_e = \frac{1}{2}\varepsilon_0 \int |E(r)|^2 dV$$
$$= \frac{1}{2}\varepsilon_0 \int_R^\infty \left(\frac{1}{4\pi\varepsilon_0}\frac{Q}{r^2}\right)^2 4\pi r^2 dr$$
$$= \frac{Q^2}{8\pi\varepsilon_0 R}$$

となることがわかる。

4.5 表 4.1 より，銅の場合 0°C のときの抵抗率は 1.55×10^{-8}，100°C のときの低抗率は 2.23×10^{-8} である。よって，銅の温度係数 α はおおよそ 0.00439 となる。これを用いると，25°C のときの銅の抵抗率は

$$\rho = 1.55 \times 10^{-8}(1 + 0.00439 \times 25) = 1.72 \times 10^{-8}$$

となるので，長さ 1 km，太さが 10 mm^2 の銅の電線の抵抗値 R は

$$R = 1.72 \times 10^{-8} \frac{1000}{10 \times 10^{-6}} = 1.72$$

となる。

第 5 章

5.1 図 P 5.1 のように，大きさ I の電流が流れる導線が真空中にある。このとき，位置 r' にある $q_m = 1$ の単位磁荷が位置 r にある導線の微小電流素片 ds に及ぼす力を考えよう。まず，この単位磁荷が位置 r に作る磁場 dB は，クーロンの法則の式 (5.2) と式 (5.7)，(5.10) より

$$dB(r) = \frac{1}{4\pi}\frac{r - r'}{|r - r'|}\frac{1}{|r - r'|^2}$$

で与えられる。この磁場 dB により，位置 r にある電流素片には式 (5.45) で与えられるローレンツ力がはたらき，これは

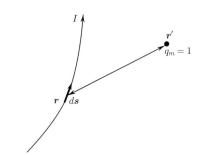

図 P 5.1 大きさ I の電流が流れる導線上の位置 r にある微小電流素片 ds と位置 r' にある単位磁荷

$$F = I(ds \times dB) \qquad (1)$$

である。導線と単位磁荷が静止して両者の間にはたらく力がつり合っている場合，作用反作用の法則により，電流素片は単位磁荷に対して，式 (1) で与えられる力と大きさが同じで方向は逆向きである，

$$F = -I(ds \times dB) = -\frac{I}{4\pi}ds \times \frac{r - r'}{|r - r'|}\frac{1}{|r - r'|^2}$$

の力を及ぼすことになる。これらの議論より，位置 r にある大きさ I の電流が流れる電流素片 ds が位置 r' に作る磁場 $dB(r')$ は，

$$dB(r') = \frac{\mu_0 I}{4\pi}ds \times \frac{r' - r}{|r' - r|}\frac{1}{|r' - r|^2}$$

で与えられることになる。この式は，式 (5.11) と同じである。

5.2 ビオ・サバールの法則を利用して，回路 abcd のそれぞれの辺に流れる電流が点 P に作る磁場を導出し，最後にそれらを重ね合わせることで，回路 abcd 全体を流れる電流が作る磁場を求める。

まず，辺 ab 上の任意の位置 $r'(a, y', 0)$ にある電流素片 $ds(0, dy', 0)$ を考える。この場合，

$$r - r' = (x - a, y - y', z)$$

なので，

$$ds \times (r - r') = (z, 0, -x + a)dy'$$

となる。また，

$$\frac{1}{|r - r'|^3} = \frac{1}{\{(x-a)^2 + (y-y')^2 + z^2\}^{3/2}}$$
$$\simeq \frac{1}{r^3}\left(1 + \frac{3ax}{r^2} + \frac{3yy'}{r^2}\right)$$

である。ただし，ここでは，$|r| \gg a, |y'|$ なので，a^2 および y'^2 などの項は無視し，また，次の近似式

$$(1 + x)^\alpha \simeq 1 + \alpha x \quad (\text{ただし } 1 \gg |x|)$$

を利用している。これらを用いてビオ・サバールの法則を適用すると，辺 ab を流れる電流が点 P に作る磁場 B_{ab} は，

B_{ab}
$$= \int_{-a}^{a} \frac{\mu_0 I}{4\pi}ds \times (r - r')\frac{1}{|r - r'|^3}$$
$$\simeq \frac{\mu_0 I}{4\pi}\frac{1}{r^3}\int_{-a}^{a}\left(1 + \frac{3ax}{r^2} + \frac{3yy'}{r^2}\right)dy'\,(z, 0, -x + a)$$
$$= \frac{\mu_0 I}{4\pi}\frac{2a}{r^3}\left(1 + \frac{3ax}{r^2}\right)(z, 0, -x + a) \qquad (1)$$

となることがわかる。

同様に，辺 cd を流れる電流が点 P に作る磁場 $\boldsymbol{B}_{\mathrm{cd}}$ を求める。まず，辺 cd 上の任意の位置 $\boldsymbol{r}'(-a, y', 0)$ にある電流素片 $d\boldsymbol{s}(0, -dy', 0)$ を考える。この場合，
$$\boldsymbol{r} - \boldsymbol{r}' = (x + a, y - y', z)$$
となるので，
$$d\boldsymbol{s} \times (\boldsymbol{r} - \boldsymbol{r}') = (-z, 0, x + a) dy'$$
となる。また，前述と同様の近似を用いることで，
$$\frac{1}{|\boldsymbol{r} - \boldsymbol{r}'|^3} = \frac{1}{\{(x+a)^2 + (y-y')^2 + z^2\}^{3/2}}$$
$$\simeq \frac{1}{r^3}\left(1 - \frac{3ax}{r^2} + \frac{3yy'}{r^2}\right)$$
となる。以上より，辺 cd を流れる電流が点 P に作る磁場 $\boldsymbol{B}_{\mathrm{cd}}$ は，
$$\boldsymbol{B}_{\mathrm{cd}}$$
$$\simeq \frac{\mu_0 I}{4\pi} \frac{1}{r^3} \int_{-a}^{a} \left(1 - \frac{3ax}{r^2} + \frac{3yy'}{r^2}\right) dy' \, (-z, 0, x+a)$$
$$= \frac{\mu_0 I}{4\pi} \frac{2a}{r^3} \left(1 - \frac{3ax}{r^2}\right) (-z, 0, x+a) \qquad (2)$$
となることがわかる。

次に辺 bc を流れる電流が点 P に作る磁場 $\boldsymbol{B}_{\mathrm{bc}}$ を求める。まず，辺 bc 上の任意の位置 $\boldsymbol{r}'(x', a, 0)$ にある電流素片 $d\boldsymbol{s}(-dx', 0, 0)$ を考える。この場合，
$$\boldsymbol{r} - \boldsymbol{r}' = (x - x', y - a, z)$$
となるので，
$$d\boldsymbol{s} \times (\boldsymbol{r} - \boldsymbol{r}') = (0, z, -y + a) dx'$$
となる。また，
$$\frac{1}{|\boldsymbol{r} - \boldsymbol{r}'|^3} = \frac{1}{\{(x-x')^2 + (y-a)^2 + z^2\}^{3/2}}$$
$$\simeq \frac{1}{r^3}\left(1 + \frac{3xx'}{r^2} + \frac{3ay}{r^2}\right)$$
である。以上より，辺 bc を流れる電流が点 P に作る磁場 $\boldsymbol{B}_{\mathrm{bc}}$ は，
$$\boldsymbol{B}_{\mathrm{bc}}$$
$$\simeq \frac{\mu_0 I}{4\pi} \frac{1}{r^3} \int_{-a}^{a} \left(1 + \frac{3xx'}{r^2} + \frac{3ay}{r^2}\right) dx' \, (0, z, -y+a)$$
$$= \frac{\mu_0 I}{4\pi} \frac{2a}{r^3} \left(1 + \frac{3ay}{r^2}\right) (0, z, -y+a) \qquad (3)$$
となることがわかる。

最後に辺 da を流れる電流が点 P に作る磁場 $\boldsymbol{B}_{\mathrm{da}}$ を求める。辺 da 上の任意の位置 $\boldsymbol{r}'(x', -a, 0)$ にある電流素片 $d\boldsymbol{s}(dx', 0, 0)$ を考える。この場合，
$$\boldsymbol{r} - \boldsymbol{r}' = (x - x', y + a, z)$$
となるので，
$$d\boldsymbol{s} \times (\boldsymbol{r} - \boldsymbol{r}') = (0, -z, y + a) dx'$$
となる。また，
$$\frac{1}{|\boldsymbol{r} - \boldsymbol{r}'|^3} = \frac{1}{\{(x-x')^2 + (y+a)^2 + z^2\}^{3/2}}$$
$$\simeq \frac{1}{r^3}\left(1 + \frac{3xx'}{r^2} - \frac{3ay}{r^2}\right)$$
である。以上より，辺 da を流れる電流が点 P に作る磁場 $\boldsymbol{B}_{\mathrm{da}}$ は，
$$\boldsymbol{B}_{\mathrm{da}}$$
$$\simeq \frac{\mu_0 I}{4\pi} \frac{1}{r^3} \int_{-a}^{a} \left(1 + \frac{3xx'}{r^2} - \frac{3ay}{r^2}\right) dx' \, (0, -z, y+a)$$
$$= \frac{\mu_0 I}{4\pi} \frac{2a}{r^3} \left(1 - \frac{3ay}{r^2}\right) (0, -z, y+a) \qquad (4)$$
となることがわかる。

最後に磁場 $\boldsymbol{B}_{\mathrm{ab}}, \boldsymbol{B}_{\mathrm{bc}}, \boldsymbol{B}_{\mathrm{cd}}, \boldsymbol{B}_{\mathrm{da}}$ の重ね合わせを求める。これは，式 (1)–(4) の和，
$$\frac{\mu_0 I}{4\pi} \frac{2a}{r^3} \left(1 + \frac{3ax}{r^2}\right) (z, 0, -x+a)$$
$$+ \frac{\mu_0 I}{4\pi} \frac{2a}{r^3} \left(1 + \frac{3ay}{r^2}\right) (0, z, -y+a)$$
$$+ \frac{\mu_0 I}{4\pi} \frac{2a}{r^3} \left(1 - \frac{3ax}{r^2}\right) (-z, 0, x+a)$$
$$+ \frac{\mu_0 I}{4\pi} \frac{2a}{r^3} \left(1 - \frac{3ay}{r^2}\right) (0, -z, y+a)$$
で与えられ，まとめると，
$$\frac{\mu_0 I}{4\pi} \frac{3S}{r^5} \left(xz, yz, z^2 - \frac{1}{3} r^2\right)$$
となる。ただし，$S = 4a^2$ は回路の張る面積である。また，$x^2 + y^2 = r^2 - z^2$ を用いている。

5.3 導線 A と B の間隔を r とする。まず，導線 A がそこからの距離 r の位置に作る磁場の大きさは，式 (5.20) を用いて
$$B = \frac{\mu_0 I_{\mathrm{A}}}{2\pi r}$$
で与えられ，その向きは電流の方向に沿って右ねじを回す向きに一致する。そのような磁場中に大きさ I_B の電流が $-\infty$ から $+\infty$ へと流れる導線 B がおかれている場合，導線 B 上の任意の電流素片 $d\boldsymbol{s}$ にはたらく力は式 (5.45) より，
$$\boldsymbol{F} = I_{\mathrm{B}} (d\boldsymbol{s} \times \boldsymbol{B})$$
で与えられるので，導線 B の単位長さ当たりにはたらく力の大きさ F は，
$$F = I_B B = \frac{\mu_0 I_{\mathrm{A}} I_{\mathrm{B}}}{2\pi r} \qquad (1)$$

で与えられ，その方向はフレミングの左手の法則を適用することにより，互いに引き合う方向，すなわち引力がはたらくことがわかる．

導線 B に逆向きの電流が流れている場合には，力の大きさ F は式 (1) で与えられ，方向は互いに反発する方向，すなわち斥力がはたらくことになる．

5.4 図 5.14 の円筒を流れる電流が周囲に作る磁場は円筒の軸に対して軸対称であり，したがってその大きさは軸からの距離 a にのみ依存する．そこで，円筒の表面を流れる電流の作る磁場の大きさを，$r < a$ の場合と $r > a$ の場合に分けて考えよう．

まず，$r < a$ の場合には，図 P 5.2(a) のように半径 a の閉ループを考え，そこにアンペールの法則の式 (5.21) を適用する．すると，

$$\oint_C \boldsymbol{B}(a) \cdot d\boldsymbol{s} = 2\pi a B(a) = \mu_0 I$$

となり，$r < a$ の場合には磁場の大きさ $B(a) \equiv |\boldsymbol{B}(a)|$ は

$$B(a) = \frac{\mu_0 I}{2\pi a}$$

で与えられる．磁場の方向は 図 P 5.2(a) 中の太矢印の方向となる．

一方，$r > a$ の場合はアンペールの法則により，

$$B(a) = 0$$

となることは自明である (図 P 5.2(b) 参照のこと)．

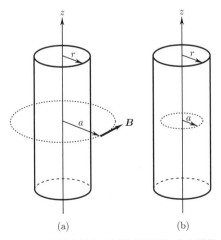

図 P 5.2 円筒を流れる電流が周囲に作る磁場

5.5 長さ a の導線に大きさ I の電流が流れており，それが一様な磁場 $\boldsymbol{B}$ 中におかれている場合，導線にはたらく力は式 (5.45) より，

$$\boldsymbol{F} = Ia(d\boldsymbol{s} \times \boldsymbol{B}) \qquad (1)$$

で与えられる．ただし $|d\boldsymbol{s}| = 1$ としている．これを用いて回路 abcd の各辺にはたらく力を求めよう．

まず，辺 ab にはたらく力 $\boldsymbol{F}_{ab}$ の大きさ F_{ab} は，$|\boldsymbol{B}| \equiv B$ として，

$$F_{ab} = IaB \sin\left(\frac{\pi}{2} - \theta\right) = IaB \cos\theta$$

で与えられる．同様に辺 cd にはたらく力 $\boldsymbol{F}_{cd}$ の大きさ F_{cd} は，

$$F_{cd} = IaB \sin\left(\frac{\pi}{2} + \theta\right) = IaB \cos\theta$$

で与えられ，両者とも同じであることがわかる．方向は図 P 5.3(a) 中の矢印の方向となり，これらの力は回路 abcd に力のモーメントを及ぼす作用をしないことがわかる．同様にすると，辺 bc および da にはたらく力 $\boldsymbol{F}_{bc}$ および $\boldsymbol{F}_{da}$ の大きさ F_{bc} および F_{da} はともに

$$F_{bc} = F_{da} = IaB$$

であることが導出され，それぞれの向きは図 P 5.3(a) 中の矢印の方向となることがわかる．これらの力は図 P 5.3(b) のように，回路を回転させようとする力，すなわちトルク $\boldsymbol{N}$ として作用し，これは図 P 5.3 中のベクトル $\boldsymbol{r}_1$ および $\boldsymbol{r}_2$ を用いて，

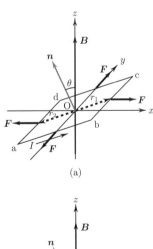

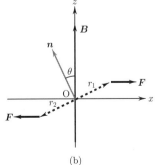

図 P 5.3 一様な磁場中におかれた回路 abcd

$$N = r_1 \times F_{bc} + r_2 \times F_{da} = (r_2 - r_1) \times F_{da} \tag{2}$$

で与えられる。よって，トルク N の大きさ N は，
$$N = Ia^2 B \sin\theta = ISB \sin\theta$$
であることがわかる。ただし $S = a^2$ は回路の張る面積である。また，式 (2) よりトルクの向きは
$$n \times B \tag{3}$$
で与えられる方向と同じであることがわかるので，これを用いた場合，次式
$$N = IS(n \times B) \tag{4}$$
が導出されることになる。

第 6 章

6.1 (a) 導線からの距離が r の位置での磁場の大きさは $B(r) = \mu_0 I/2\pi r$ であり，導線と垂直方向のみ変化する。したがって，コイル内での磁場は (垂直方向の積分) × (平行方向の長さ) で求められる。

$$\Phi = \int_{r-a/2}^{r+a/2} B(r') dr' \times b = b \int_{r-a/2}^{r+a/2} \frac{\mu_0 I}{2\pi r'} dr'$$
$$= \frac{\mu_0 I b}{2\pi} \ln \frac{r+a/2}{r-a/2}$$

(b) コイルに生じる起電力は
$$\mathcal{E} = -\frac{d\Phi}{dt} = -\frac{\mu_0 I b}{2\pi} \frac{d}{dt} \left(\ln \frac{r+a/2}{r-a/2} \right)$$
$$= -\frac{\mu_0 I b}{2\pi} \frac{dr}{dt} \frac{d}{dr} \left(\ln \frac{r+a/2}{r-a/2} \right)$$
$$= -\frac{\mu_0 I b v}{2\pi} \left(\frac{1}{r+a/2} - \frac{1}{r-a/2} \right)$$
$$= \frac{\mu_0 I v a b}{2\pi [r^2 - (a/2)^2]}$$

ここで $v = dr/dt$ であることを用いた。

導線に流れる電流による磁場は紙面手前から奥方向にコイルを貫く。コイルを遠ざければこの磁場が弱まるので，これを増強する方向に起電力が生じる。すなわち，時計回りに電流が流れる。別角度として，ローレンツ力を用いても考察することができるので確かめてもらいたい。

6.2 (a) 半径 r 内の磁束は $\Phi(r,t) = \pi r^2 B_{\text{avg}}(r,t)$ で与えられる。軌道に発生する起電力はファラデーの電磁誘導の法則より，$\mathcal{E} = \oint_C E(r,t) \cdot dr = 2\pi r E(r,t)$ を用いて，

$$2\pi r E(r,t) = -\frac{d}{dt} \pi r^2 B_{\text{avg}}(t) \tag{1}$$

となる。したがって軌道上の粒子にはたらく力の大きさは

$$-eE(r,t) = \frac{er}{2} \frac{dB_{\text{avg}}(t)}{dt} \tag{2}$$

であり，その方向は軌道の接線方向である。以上より接線方向の運動方程式は次式で与えられる。

$$m \frac{dv}{dt} = \frac{er}{2} \frac{dB_{\text{avg}}(r,t)}{dt} \tag{3}$$

(b) 一方，動径方向にはローレンツ力 $-ev \times B$ がはたらく。いまの場合，v は接線方向で，磁場は z 方向なので，ローレンツ力自体は中心方向を向き，その大きさは $evB(r,t)$ である。このローレンツ力が向心力となって粒子は円運動を保つ。このことから動径方向の方程式は，

$$\frac{mv^2}{r} = evB(r,t) \tag{4}$$

である。

(c) 式 (4) から $mv = erB(r,t)$ であるので，これを式 (3) に代入すれば，

$$\frac{dB(r,t)}{dt} = \frac{1}{2} \frac{dB_{\text{avg}}(r,t)}{dt} \tag{5}$$

が導かれる。すなわち，常に軌道上の磁場が軌道内の平均磁場のちょうど半分である状態を保ちつつ，磁場を増大していけば，電子を元の軌道を保ったまま加速することができる (式 (4) から，磁場が増加すれば電子も加速されることがわかる)。これがベータトロンの原理である。

6.3 中心から距離 r にある微小線分を考える。そうするとこの問題は，導線が磁場中を運動するときに生じる誘導起電力の問題に置き換わる。微小導線内の電荷 $q(>0)$ をもった粒子はローレンツ力 $F = qv \times B$ を受ける。速度の大きさは $v = r\omega$ で，回転方向に向いている。今の場合，荷電粒子は動径方向 (外向き) に $F = qr\omega B$ の力を受ける。起電力は単位電荷になされる仕事の量 W であったので，円盤の中心から端までの間の起電力は

$$\mathcal{E} = \frac{W}{q} = \int_0^a r\omega B \, dr = \frac{1}{2} \omega B a^2$$

そのとき流れる電流の大きさは $I = \omega B a^2/2R$ となる。

6.4 (a) アンペールの法則から，中心からの距離が $r < a, r > b$ の磁場はゼロ，$a < r < b$ の磁場は $B(r) = \mu_0 I/2\pi r$ となる。

(b) 回路を貫く磁束は
$$\Phi = l\int_a^b \frac{\mu_0 I}{2\pi r}dr = \frac{\mu_0 I l}{2\pi}\log\frac{b}{a}$$
したがって，この回路の自己インダクタンスは $\Phi = LI$ より，
$$L = \frac{\mu_0 l}{2\pi}\log\frac{b}{a}$$

6.5 (a) どちらの場合も流れる電流の大きさは等しく，$I_2 = V/R_2$
(b) 例題 6.8 より，$I_1(t) = (V/R_1)\left(1 - e^{-R_1 t/L}\right)$
(c) R_1 と R_2 が直列つなぎであるので，全体の抵抗が $R_1 + R_2$ になっていると考えればよい．あとは例題 6.9 より，
$$I_1(t) = -I_2(t) = \frac{V}{R_1+R_2}e^{-\frac{R_1+R_2}{L}(t-t_0)}$$

6.6 磁場のエネルギーは次の形で与えられる．
$$U_B = L\int_0^\infty I(t)\frac{dI(t)}{dt}dt. \tag{1}$$
ここに例題 6.8 の解である
$$I(t) = \frac{V}{R}\left(1 - e^{-\frac{R}{L}t}\right)$$
を代入する．
$$U_B = L\int_0^\infty \frac{V}{R}\left(1-e^{-\frac{R}{L}t}\right)\frac{d}{dt}\left\{\frac{V}{R}\left(1-e^{-\frac{R}{L}t}\right)\right\}dt$$
$$= \frac{V^2}{R}\int_0^\infty \left(1-e^{-\frac{R}{L}t}\right)e^{-\frac{R}{L}t}dt.$$
$t' = (R/L)t$ と変数変換して
$$U_B = \frac{LV^2}{R^2}\int_0^\infty (1-e^{-t'})e^{-t'}dt'$$
$$= \frac{LV^2}{R^2}\left[-e^{-t'} + \frac{1}{2}e^{-2t'}\right]_0^\infty$$
$$= \frac{LV^2}{2R^2} \tag{2}$$
この例題としての解答はここまでであるが，仮に $t \to \infty$ で流れる電流を $I = V/R$ とすれば，確かに
$$U_B = \frac{1}{2}LI^2 \tag{3}$$
を得ることとなり，6.3 節の議論と一致する．

第 7 章

7.1 各成分に分けて証明するのが定石である．これは各自確認してほしい．ここでは少し違った見方を紹介する．

まず $\boldsymbol{W} = \boldsymbol{B}\times\boldsymbol{C}$ なるベクトルを考える．$\boldsymbol{W}$ は $\boldsymbol{B}$ にも $\boldsymbol{C}$ にも垂直であるというのが外積の定義であった．次に $\boldsymbol{V} = \boldsymbol{A}\times(\boldsymbol{B}\times\boldsymbol{C})$ を考えてみると，これは $\boldsymbol{A}$ と $\boldsymbol{W}$ に垂直である．ということは，$\boldsymbol{V}$ は $\boldsymbol{B}$-$\boldsymbol{C}$ 平面内のベクトルのはずである．そこで
$$\boldsymbol{V} = l\boldsymbol{B} + m\boldsymbol{C}$$
とおくことにする．ここで l, m は未定定数である．$\boldsymbol{V}$ と $\boldsymbol{A}$ は垂直であるので，それらの内積はゼロとなる．
$$\boldsymbol{V}\cdot\boldsymbol{A} = (l\boldsymbol{B}+m\boldsymbol{C})\cdot\boldsymbol{A} = l\boldsymbol{B}\cdot\boldsymbol{A} + m\boldsymbol{C}\cdot\boldsymbol{A} = 0.$$
これを満たすには，
$$l = \lambda\boldsymbol{C}\cdot\boldsymbol{A}, \quad m = -\lambda\boldsymbol{B}\cdot\boldsymbol{A}$$
ととれば良い．したがって，
$$\boldsymbol{V} = \lambda\left[\boldsymbol{B}\left(\boldsymbol{C}\cdot\boldsymbol{A}\right) - \boldsymbol{C}\left(\boldsymbol{B}\cdot\boldsymbol{A}\right)\right]$$
となることがわかる．$\lambda = 1$ であることを示すには結局成分に分けた計算が必要となるが，公式の形が導かれれば，ほぼ求まったも同然である．

7.2 計算の準備として，$X = z \pm vt$ と新たな変数 X を導入する．すると z および t の偏微分と X の微分の間には次の関係が成り立つ．
$$\frac{\partial}{\partial z}u(z,t) = \frac{\partial X}{\partial z}\frac{d}{dX}u(X) = \frac{d}{dX}u(X)$$
$$\frac{\partial}{\partial t}u(z,t) = \frac{\partial X}{\partial t}\frac{d}{dX}u(X) = \pm v\frac{d}{dX}u(X)$$
ここで $\partial X/\partial z = 1, \partial X/\partial t = \pm v$ を用いた．

[注] このような微分変数の変換はまだあまり慣れていないかもしれない．厳密な導出は数学でじっくり取り組むとして，今は分子分母を"約分"すると確かに両辺が等しいことを確認しておけば十分である．

つぎに解 $f(z\pm vt)$ を実際に波動方程式の両辺に代入して，それぞれの微分を実行する．左辺は
$$\frac{\partial^2}{\partial t^2}f(z\pm vt) = \left(\pm v\frac{d}{dX}\right)\left(\pm v\frac{d}{dX}\right)f(X)$$
$$= v^2\frac{d^2}{dX^2}f(X)$$
右辺は
$$v^2\frac{\partial^2}{\partial z^2}f(z\pm vt) = v^2\frac{d^2}{dX^2}f(X)$$
両辺が一致するので，$f(z\pm vt)$ は確かに波動方程式を満たしている．

7.3 式 (7.37) より，
$$\frac{\partial B_x(z,t)}{\partial t} = kE_0 \cos(kz - \omega t)$$
となるので，この t に対する微分方程式を解けば，
$$B_x(z,t) = -\frac{kE_0}{\omega} \sin(kz - \omega t) = -\frac{E_0}{c} \sin(kz - \omega t)$$
であることがわかる ($\omega = ck$ の関係を用いた)。関数の形，係数の大きさは例題 7.10 と同じであるが，図 7.8 に示したとおり，磁場の方向は x 軸負の方向であることがわかる。

7.4 今考えている波は電場が z 方向にのみ空間変化をしているので，磁場についても同様である。したがって式 (7.39) の関係が成り立ち，
$$\begin{aligned}\frac{\partial B_y(z,t)}{\partial z} &= -\frac{1}{c^2}\frac{\partial E_x}{\partial t} \\ &= -\frac{E_0}{c^2}\frac{\partial}{\partial t}\left[f(z-ct) + g(z+ct)\right] \\ &= \frac{E_0}{c}\frac{\partial}{\partial z}\left[f(z-ct) - g(z+ct)\right]\end{aligned}$$
となる。ここで問題 7.2 より，
$$\frac{\partial}{\partial t}f(z\mp ct) = \mp c\frac{\partial}{\partial z}f(z\mp ct)$$
の関係が成り立つことを用いた。この両辺を z について積分すれば，
$$B_y(z,t) = \frac{E_0}{c}\left[f(z-ct) - g(z+ct)\right]$$
を得る。

エネルギー密度は
$$\begin{aligned}u &= \frac{1}{2}\epsilon_0 E_x^2 + \frac{1}{2\mu_0}B_y^2 \\ &= E_0^2\left[\frac{\epsilon_0}{2}\{f(z-ct)+g(z+ct)\}^2 \right. \\ &\quad \left. + \frac{1}{2\mu_0 c^2}\{f(z-ct)-g(z+ct)\}^2\right] \\ &= \epsilon_0 E_0^2\left[\{f(z-ct)\}^2 + \{g(z+ct)\}^2\right]\end{aligned}$$
ここでエネルギー密度を z 軸正の方向と負の方向とで分けて
$$u_+ = \epsilon_0 E_0^2\{f(z-ct)\}^2, \quad u_- = \epsilon_0 E_0^2\{g(z+ct)\}^2$$
と定義しておく。ポインティングベクトルは z 方向を向いており，
$$\begin{aligned}S_z &= \frac{1}{\mu_0}E_x B_y \\ &= \frac{E_0^2}{\mu_0 c}\{f(z-ct)+g(z+ct)\}\{f(z-ct)-g(z+ct)\} \\ &= c\epsilon_0 E_0^2\left[\{f(z-ct)\}^2 - \{g(z+ct)\}^2\right] \\ &= c(u_+ - u_-)\end{aligned}$$
となる。このことから，z 軸正負の方向にそれぞれ $u_\pm$ のエネルギーが光速で運ばれていることがわかる。

7.5 ファラデーの法則 (7.3″) の両辺と $\boldsymbol{B}$ の内積を，マクスウェル–アンペールの法則 (7.4″) の両辺と $\boldsymbol{E}$ の内積をとると，
$$\boldsymbol{B}\cdot(\boldsymbol{\nabla}\times\boldsymbol{E}) = -\boldsymbol{B}\cdot\frac{\partial \boldsymbol{B}}{\partial t}$$
$$\boldsymbol{E}\cdot(\boldsymbol{\nabla}\times\boldsymbol{B}) = \mu_0 \boldsymbol{E}\cdot\boldsymbol{j} + \frac{1}{c^2}\boldsymbol{E}\cdot\frac{\partial \boldsymbol{E}}{\partial t}$$
スカラー三乗積の公式 (A.22) を用いると
$$\boldsymbol{\nabla}\cdot(\boldsymbol{E}\times\boldsymbol{B}) = \boldsymbol{B}\cdot(\boldsymbol{\nabla}\times\boldsymbol{E}) - \boldsymbol{E}\cdot(\boldsymbol{\nabla}\times\boldsymbol{B})$$
となるので，これを用いて上の 2 式は次のように書き換えられる。
$$\boldsymbol{\nabla}\cdot\left(\frac{1}{\mu_0}\boldsymbol{E}\times\boldsymbol{B}\right) + \frac{1}{2}\frac{\partial}{\partial t}\left(\epsilon_0 E^2 + \frac{1}{\mu_0}B^2\right) = -\boldsymbol{E}\cdot\boldsymbol{j}$$
ここで，
$$\frac{1}{2}\frac{\partial}{\partial t}E^2 = \boldsymbol{E}\cdot\frac{\partial \boldsymbol{E}}{\partial t}$$
の関係 (磁場についても同様) を用いている。ここでエネルギー密度，ポインティングベクトルがそれぞれ $u = (\epsilon_0 E^2 + B^2/\mu_0)/2$, $\boldsymbol{S} = \boldsymbol{E}\times\boldsymbol{B}/\mu_0$ で与えられたことを思い出せば，エネルギー平衡方程式
$$\frac{du}{dt} + \boldsymbol{\nabla}\cdot\boldsymbol{S} = -\boldsymbol{j}\cdot\boldsymbol{E}$$
が確かに成り立っていることがわかる。

索　引

■あ　行

RL 回路　　83
アンペールの法則　　3, 67

インダクタンス　　82

ウェーバー　　62

SI 単位系　　7
X 線　　116
エネルギー流束密度　　114
LCR 回路　　92
LC 回路　　89
遠隔作用　　10
円形電流　　65

オームの法則　　55

■か　行

回転　　104, 106
回転定理　　102
ガウス　　64
ガウスの定理　　53, 102
ガウスの法則　　29, 103
可視光　　116
γ 線　　116

起電力　　54
キャリア　　41
強磁性体　　126
鏡像電荷　　46
鏡像 (電荷) 法　　46
キルヒホッフの第一法則　　56
キルヒホッフの第二法則　　57
近接作用　　10

クーロン　　7
クーロンの法則　　3, 8, 61
クーロン力　　8

ゲージ不変性　　119
ゲージ変換　　119

勾配　　20
コンデンサー　　48

■さ　行

サイクロトロン運動　　71

磁位　　62
磁化　　126
磁荷　　61
紫外線　　116
磁化電流　　128
磁化率　　127
磁気感受率　　127
磁気双極子　　127
自己インダクタンス　　82
自己誘導　　82
自己誘導係数　　82
磁性体　　126
磁束　　64
磁束密度　　64
磁場　　63
ジュール熱　　55
常磁性体　　126
磁力線　　63
真空の透磁率　　62
真空の誘電率　　8, 113

スカラー場　　11
スカラーポテンシャル　　119
ストークスの定理　　102

静電エネルギー　　50
静電遮蔽　　44
静電誘導　　42
静電容量　　47
赤外線　　116
絶縁体　　41, 123
接地　　18

相互インダクタンス　　86
相互誘導係数　　86
相反定理　　87
ソレノイド　　68

■た 行

直線電流　66

抵抗　54
テスラ　64
電圧　18
電位　17
電荷　7
電荷の保存　7
電荷保存則　53
電荷密度　13
電気感受率　124
電気振動　90
電気双極子　21
電気双極子モーメント　21
電気素量　42
電気抵抗率　54
電気伝導率　55
電気分極　123
電気容量　47
電気力線　13
電磁振動　90
電磁波　108
電磁誘導　2, 75
電束密度　124
電場　10
電波　116
電流　52
電流密度　53, 55
電力　55

透磁率　127
導体　18, 41
等電位面　19

■は 行

場　10
発散　104, 106
発散定理　102
波動関数　112
波動方程式　112
反磁性体　126

ビオ・サバールの法則　64
光の速度　62

比透磁率　127
比誘電率　124

ファラデーの法則　75, 103
フレミングの左手の法則　72
分極　124
分極電荷　124
分極電流　124, 125

ベクトル場　11
ベクトルポテンシャル　118
変圧器　87
変位電流　94
ヘンリー　83

ポアソン方程式　103
ボーア半径　28
ホイートストンブリッジ　58
ポインティングベクトル　114
保存力　16
ボルト　17

■ま 行

マクスウェル-アンペールの法則　94, 103
マクスウェル方程式　99, 103, 107, 129

■や 行

誘電体　41, 123
誘電率　124
誘導起電力　76
誘導電荷　42
誘導電場　80
誘導電流　76

■ら 行

ラプラス方程式　103

流束密度　114

連続の方程式　54
レンツの法則　76

ローレンスゲージ　120
ローレンツ力　69

著者略歴

秋光　純
1970年　東京大学大学院理学系研究科物理
　　　　学専攻博士課程修了，理学博士
　　　　青山学院大学理工学部教授
　　　　岡山大学異分野基礎科学研究所
　　　　特任教授を経て
現　在　青山学院大学名誉教授
　　　　電気通信大学客員教授

村上修一
1995年　東京大学大学院理学系研究科物理
　　　　学専攻修士課程修了
1996年　同 博士課程中退，博士（理学）
現　在　東京工業大学理学院教授

前田はるか
1992年　東京大学工学系研究科原子力工学
　　　　専攻博士課程修了，博士（工学）
現　在　青山学院大学理工学部教授

伏屋雄紀
2004年　大阪大学大学院基礎工学研究科
　　　　物理系専攻博士後期課程修了，
　　　　博士（理学）
現　在　神戸大学大学院理学研究科教授

© 秋光　純・村上修一・前田はるか・伏屋雄紀　2016

2016年11月25日　初版発行
2024年10月18日　初版第5刷発行

基礎物理学 電磁気学

著　者　秋光　純
　　　　村上修一
　　　　前田はるか
　　　　伏屋雄紀
発行者　山本　格
発行所　株式会社　培風館
東京都千代田区九段南 4-3-12・郵便番号 102-8260
電　話 (03)3262-5256(代表)・振　替 00140-7-44725

中央印刷・牧 製本
PRINTED IN JAPAN

ISBN978-4-563-02514-4 C3042